よくわかる数値解析演習
ー誤答例・評価基準つきー

皆本 晃弥 著

近代科学社

はじめに

　本書は大学や高専などでの利用を想定した数値解析の演習書で，筆者が佐賀大学理工学部知能情報システム学科で担当している「数値解析」の配布プリント (特に 2002 年度と 2003 年度) が土台になっています．まず，本書の特徴を以下に列挙します．

- 約 15 分で解けるような標準的な問題だけを選んでいる．

- すべての問題や演習問題に丁寧な解答がつけてあるため，学生の自習書としても利用できる．

- 多くの問題に配点や評価基準を明記しているため，学生自身で自分の実力を把握することができる．

- 誤答例もついているため，学生自身で自分の誤りに気づくことができる．

- 本書に必要な微分積分および線形代数の定理や定義を収録しているため，他書をほとんど参照することなく問題に取り組むことができる．

- 各章の独立性を高めているので，必要な項目だけの学習が可能である．

　私の講義では，学生諸君に自分の実力を実感してもらい，独力で内容を理解できるように，テストを行った場合は丁寧な解答例と評価基準を公開し，さらに誤答例も公開するようにしています．本書の土台となっている配布プリントは「誤答例があるので，自分の解答が合っているのかどうか不安にかられたまま定期試験に臨まなくていい」と学生には好評です．本書をまとめるにあたり，いくつか新規に問題を追加していますが，基本的

には講義で使用した演習問題とその評価基準を単に編集しただけです．評価基準の量が少ない問題は，学生の間違いが少なかった問題あるいは本書のために新たに追加した問題と考えてください．

　本書を見れば分かるように多くの問題には評価基準だけでなく配点も明記されています．各問題に設けられた配点は教科書や講義ノートの持ち込みを前提とした100点満点の試験で，解答時間は90〜120分を想定したものです．学生の学習内容や予備知識の度合によって配点や評価基準は調整してください．本書にある評価基準の正当性を問い始めるとキリがありませんが，教員側が明確な評価基準を学生に示すことは有意義なことだと思います．このように配点や評価基準を公開すると簡単な問題だけを解いて点数を稼ごうとしたり，それに合わせた勉強しかしない学生が生まれる恐れもありますが，全く勉強しない学生を量産するよりはマシであるという立場で本書を執筆しています．自分がどのように評価されているのかが分からなければ勉強をしたくないという学生も多いものです．このことは保護者や学生との面談を通じて実感しています．また，線形代数や微分積分の復習を大学院に進学する気のない学生に期待するのはほとんど無理です．そのため，本書で必要となるこれらの知識を付録としてまとめました．

　最近はコンピュータやインターネットの普及により数値計算プログラムを簡単に入手できるようになりました．そのため，数値計算プログラムの宿題を出したとしても適当なプログラムをダウンロードしてそのまま提出するという学生もいます．そういう学生は数値計算アルゴリズムをほとんど理解できていません．また，数値計算プログラムを作成する場合，どんな大規模な問題でもそれを小さくして手計算で確認するという作業は欠かせないと思います．それによってアルゴリズムやプログラムのミスが発見できることも多いのです．そこで，本書の問題としては関数電卓と手計算で解けるものばかり選びました．コンピュータは必要ありません．まずは関数電卓と手計算で解ける問題をじっくり解くべきです．それさえできれば，数値計算プログラミングを行うのは細かいテクニックを除けばさほど難しくはありません．本書の問題を解くことにより，アルゴリズムの中味

が分からないままプログラムを組むという行為が少しでも減ることを期待しています.

2002 年度より本格的に実施が始まった JABEE(日本技術者教育認定機構) に代表されるように大学や高専には学生の学力保証が求められるようになり,幸い私が所属している学科でも JABEE 認定を 2003 年度に受けることができました.評価基準を明確にした本演習書を使えば,自習効果が上がるでしょうし,学力保証もできると思います.

この演習書が,日本の大学や高専における数学のレベル,ひいては技術者レベルを上げることに少しでも貢献できれば私にとってはこの上ない喜びです.

2005 年 1 月

皆本 晃弥

目 次

第1章 数値の表現とその特徴　1
- 1.1 誤差と有効桁数 1
- 1.2 桁落ちと情報落ち 7
- 1.3 浮動小数点数 10

第2章 ノルム　19
- 2.1 ベクトルノルム 19
- 2.2 行列ノルム 28

第3章 非線形方程式　45
- 3.1 反復法と縮小写像の原理 45
- 3.2 ニュートン法 50

第4章 連立1次方程式の解法　57
- 4.1 ガウス消去法 57
- 4.2 部分ピボット選択 63
- 4.3 スケーリング 67
- 4.4 基本行列 70
- 4.5 LU 分解 72
- 4.6 連立1次方程式の反復解法 85
  - 4.6.1 反復法の原理とヤコビ法 85
  - 4.6.2 ガウス・ザイデル法 90
  - 4.6.3 SOR 法 94

第 5 章 　固有値問題　　　　　　　　　　　　　　　99
　5.1　固有値と固有ベクトル 99
　5.2　べき乗法 102
　5.3　逆反復法 107

第 6 章 　関数近似　　　　　　　　　　　　　　　　111
　6.1　テイラー展開法 111
　6.2　ラグランジュ補間 114
　6.3　ニュートン補間 118
　6.4　チェビシェフ多項式 122

第 7 章 　常微分方程式　　　　　　　　　　　　　　125
　7.1　1 階線形微分方程式 125
　7.2　常微分方程式の初期値問題 130

第 8 章 　数値積分　　　　　　　　　　　　　　　　141

解　答　　　　　　　　　　　　　　　　　　　　　149

付 録 A 　復習　　　　　　　　　　　　　　　　　181
　A.1　線形代数 181
　A.2　微分積分 195

参考文献　　　　　　　　　　　　　　　　　　　　205

索　引　　　　　　　　　　　　　　　　　　　　　207

第1章

数値の表現とその特徴

Section 1.1
誤差と有効桁数

--- 誤差 ---

定義 1.1 . 実数 x の近似値を $\hat{x}$ とするとき, $e(\hat{x}) = \hat{x} - x$ を $\hat{x}$ の x に対する**誤差**といい, $|e(\hat{x})| = |\hat{x} - x|$ を $\hat{x}$ の**絶対値誤差**という. また, $x \neq 0$ のとき, x に対する誤差の割合

$$e_r(\hat{x}) = \frac{e(\hat{x})}{x} (\approx \frac{e(\hat{x})}{\hat{x}}) \text{ または } |e_r(\hat{x})|$$

を $\hat{x}$ の**相対誤差**という. なお, 相対誤差はスケールに対して不変である.

--- 丸め誤差 ---

定義 1.2 . **丸め**とは, 四則演算や代入によって t 桁より長い桁数の結果が得られたときにこれを t 桁にするための操作である. また, 丸めのときに生じる誤差を**丸め誤差**という.

例えば, $x = 0.537, y = 0.612, z = 0.128$ とする. このとき, 10進3桁切

り捨てで $(x+y)+z$ および $x+(y+z)$ を計算すると，

$$(x+y)+z = (0.537+0.612)+0.128 = 1.14+0.128 = 1.26,$$
$$x+(y+z) = 0.537+(0.612+0.128) = 0.537+0.74 = 1.27$$

なので，結合律 $(x+y)+z = x+(y+z)$ は成り立たない．

この例が示すように，コンピュータ上の演算 (浮動小数点演算) では一般に結合則や分配則は成り立たない．このことは演算順序を変更すると演算結果が異なる可能性があることを意味している．

---- 有効桁数 ----

定義 1.3． $-\log_{10}|e_r(\hat{x})|$ を近似値 $\hat{x}$ の **10 進有効桁数** あるいは単に **有効桁数** という．

ただし，一般には丸められた t 桁の数値を **有効数字** t 桁の値といい，この t を **有効桁数** と呼ぶ場合が多い．例えば，12.345 は有効数字 5 桁の値であり，0.000123 は有効数字 3 桁の値である．このように先頭から連続する 0 の部分は有効桁数には数えない．

---- 誤差限界 ----

定義 1.4． 誤差の絶対値が

$$|e(\hat{x})| \leq \varepsilon(\hat{x})$$

を満たすとき，$\varepsilon(\hat{x})$ を誤差 $e(\hat{x})$ の **誤差限界** という．また，相対誤差の絶対値が

$$|e_r(\hat{x})| \leq \varepsilon_r(\hat{x})$$

を満たすとき，$\varepsilon_r(\hat{x})$ を誤差 $e_r(\hat{x})$ の **相対誤差限界** という．

---- 打ち切り誤差 ----

定義 1.5． 数学的に厳密に与えられる関数 f の値を，有限回の四則演算の反復式 f_a で近似したときの誤差 $(f_a - f)$ のことを **打ち切り誤差** という．

例えば，マクローリンの公式

$$f(x) = \sum_{r=0}^{n-1} \frac{f^{(r)}(0)}{r!} x^r + \frac{f^{(n)}(\theta x)}{n!} x^n, \qquad 0 < \theta < 1$$

を使って $f(x) \approx \displaystyle\sum_{r=0}^{n-1} \frac{f^{(r)}(0)}{r!} x^r$ としたときの打ち切り誤差は $\displaystyle\frac{f^{(n)}(\theta x)}{n!} x^n$ となる．

絶対値誤差と相対誤差

問題 1.1. 近似値 $\hat{x}$ の絶対値誤差が 0.01 のとき，$\hat{x}$ の誤差は 1% 程度であるといえるか？ 理由を述べて答えよ．(4 点)

(解答) 例えば，$x = 0.01, \hat{x} = 0.02$ のとき，$|x - \hat{x}| = 0.01$ だが，相対誤差は $|\frac{0.01 - 0.02}{0.01}| = 1$ となるので，1 桁も合っていないことが分かる．したがって，誤差が 1% 程度であるとはいえない．

【評価基準・注意】==========================

- 正確さを求める場合は相対誤差を使用するべきである．
- 具体例を挙げただけで理由を書いていないもの，例えば「$x = 2, \hat{x} = 1.99$ に対する絶対値誤差は 0.01 だが，これより誤差が 1% 程度とはいえない」という解答は理由になっていないので 0 点．
- 絶対値誤差が 0.01 にならないような例を使って説明しているものは 0 点．ただし，理由が合っていれば 1 点．
- 「相対誤差は数の大きさに応じた誤差を表す」「絶対値誤差はスケールにより変わってしまう」という誤差の性質だけを書いて具体例のないものは 0 点．本の丸写しという印象を与える．
- 例えば，$x_1 = 1, x_2 = 100, \hat{x}_1 = 0.99, \hat{x}_2 = 99.99$ とし，何の理由もなく $\hat{x}_2$ の誤差が 0.0001% としているものは 0 点．
- 単純な計算ミスや代入ミスは 1 点減点．

==
■■■ 演習問題 ■■■■■■■■■■■■■■■■■■■■■■■■■■■■■

演習問題 1.1 絶対値誤差はスケールによって変化するが，相対誤差はスケールに関して不変であることを示せ．

―― **相対誤差と有効桁数** ――

問題 1.2 . 次の x とその近似値 $\hat{x}$ に対して，相対誤差および有効桁数を求めよ．なお，有効桁数は小数点以下第 3 位まで求めよ．（各 3 点）
(1) $x = 1$, $\hat{x} = 1.00499$　　(2) $x = 9$, $\hat{x} = 8.99899$

(解答) (1) 相対誤差は $|e_r(\hat{x})| = |1.00499 - 1| = 4.99 \times 10^{-3}$ で，$-\log_{10}|4.99 \times 10^{-3}| \approx 2.301899$ なので有効桁数は 2.302 である．

(2) 相対誤差は $|e_r(\hat{x})| = |\frac{9 - 8.99899}{9}| = 1.12 \times 10^{-4}$ で，$-\log_{10}|1.12 \times 10^{-4}| \approx 3.95078$ なので有効桁数は 3.951 である．

【評価基準・注意】==========================

- (2) は見た目は 1 桁も一致していないが，有効桁数は (1) よりいいので，(2) の $\hat{x}$ の方が精度がいいといえる．
- 有効桁数を小数点以下第 3 位まで求めていないものは各 1 点減点．
- 相対誤差を小数で表しているものは途中の式が合っていれば正解とする．
- (2) において，$-\log_{10}|0.000112222| = 3.9499211...$ より 3.950 としたものも正解とする．
- 答えしか書いていないものは 2～3 点減点．
- 相対誤差で絶対値をとっていないものも正解とする．

================================
■■■ 演習問題 ■■■■■■■■■■■■■■■■■■■■■■■■

演習問題 1.2 $x_1 = 1$, $x_2 = 100$ とし，それらの近似値をそれぞれ $\hat{x}_1 = 0.99$, $\hat{x}_2 = 99.99$ とする．このとき，$\hat{x}_1$ および $\hat{x}_2$ の相対誤差および有効桁数を求めよ．

誤差限界

問題 1.3. x, y の四捨五入した近似値をそれぞれ $\hat{x} = 1.23, \hat{y} = 4.56$ とする．このとき，次の問に答えよ．

(1) $x+y$, $x-y$ はどのような範囲にあるか？ (4 点)

(2) $\hat{x}$ の相対誤差 $e_r(\hat{x})$ の相対誤差限界を見積もり，それを小数点以下第 5 位まで求めよ．また，そのときの有効桁数を小数点以下第 1 位まで求めよ．(5 点)

(**解答**) (1) $1.225 \leq 1.23 < 1.235$, $4.555 \leq 4.56 < 4.565$ より，$1.225 + 4.555 \leq x + y < 1.235 + 4.565$ なので，$5.78 \leq x + y < 5.8$. また，$1.225 - 4.565 < x - y < 1.235 - 4.555$ より $-3.34 < x - y < -3.32$.

(2) $e(\hat{x}) = \hat{x} - x$ より，$x = \hat{x} - e(\hat{x})$ なので，$|e(\hat{x})| \leq 0.005$ に注意すれば，

$$\begin{aligned} |e_r(\hat{x})| &= \frac{|e(\hat{x})|}{|\hat{x} - e(\hat{x})|} \leq \frac{|e(\hat{x})|}{|\hat{x}| - |e(\hat{x})|} \leq \frac{0.005}{1.23 - 0.005} \\ &= \frac{0.005}{1.225} = 0.004081 \approx 0.00408. \end{aligned}$$

また，有効桁数は $-\log_{10}(0.00408) = 2.389339... \approx 2.4$.

【評価基準・注意】==========================

- (1) は $x - y$, $x + y$ 各 2 点，(2) は相対誤差限界が 3 点で有効桁数が 2 点.

==========================
■■■ 演習問題 ■■■■■■■■■■■■■■■■■■■■■

演習問題 1.3 $x = 3.1415926$ とし，この近似値を $\hat{x} = 3.14$ とする．このとき，$\hat{x}$ について最小の誤差限界および最小の相対誤差限界を小数点以下第 5 位まで求めよ．

Section 1.2
桁落ちと情報落ち

---- 桁落ち ----
定義 1.6. 桁落ちとは，近接する2つの数の引き算で有効桁数が失われる現象のことである．

---- 情報落ち ----
定義 1.7. 情報落ちとは，大きさが極端に違う2つの数の加減算を行ったときに小さい方の数値の下位の桁が何桁か失われてしまう現象のことである．

例えば，$x = 0.43251 \times 10^3$, $y = 0.23446 \times 10^{-2}$ のとき，$x+y$ を10進有効桁数5桁の四捨五入で計算すると，

$$x + y = (0.43251 + 0.00000023446) \times 10^3 = 0.43251 \times 10^3 = x$$

となり，y が無視されているので情報落ちが起きていることが分かる．

このため，コンピュータで計算を行うときは極端に違う2つの数の加減算が起こらないような工夫をした方がよい．

桁落ち (その1)

問題 1.4. $f(x) = \dfrac{1 - \cos x}{x^2}$ は，$0 < |x| \ll 1$ のとき桁落ちを起こすか？起こすならばその理由を述べ，桁落ちのない計算法を示せ．ただし，三角関数の出力は，全桁正しいとする．(5点)

(解答) $1 - \cos x$ は $0 < |x| \ll 1$ のとき，$1 \approx \cos x$ なので桁落ちを起こす．これを防ぐには，$1 - \cos x = 2\sin^2 \dfrac{x}{2}$ を利用して

$$f(x) = \frac{1 - \cos x}{x^2} = 2\frac{\sin^2 \frac{x}{2}}{x^2} = \frac{1}{2}\left(\frac{\sin \frac{x}{2}}{\frac{x}{2}}\right)^2$$

として計算すればよい．

【評価基準・注意】========================

- ロピタルの定理を使っているものは 0 点．仮定である $0 < x \ll 1$ は $x \to 0$ ではない．

- 桁落ちの計算法を示していないものは 3 点減点．

- 解答以外の形，例えば，$1 - \cos x = \dfrac{(1-\cos x)(1+\cos x)}{1+\cos x} = \dfrac{\sin^2 x}{1+\cos x}$ など，和の形になっているものは正解とする．

- 桁落ちを起こすことを (理由をつけて) 明記していなければ 1～2 点減点．逆にそのことを明記していれば 1～2 点は保証する．

- 単純に数学の公式をコンピュータ上で使用するのは危険である．

==
■■■ **演習問題** ■■■■■■■■■■■■■■■■■■■■■■■■■■■

演習問題 1.4 $f(x) = 1 - \tan(\frac{\pi}{4} + x)$ は，$0 < x \ll 1$ のとき桁落ちを起こすか？起こすならばその理由を述べ，桁落ちのない計算法を示せ．ただし，三角関数および π の出力は，全桁正しいとする．(6点)

演習問題 1.5 $|x| \ll 1$ とする．$1 - \cos 2x$ をコンピュータ上で計算すると桁落ちが生じるか？生じるならば，その理由を書き，桁落ちしないような計算法を示せ．

(6点)

1.2 桁落ちと情報落ち

桁落ち（その2）

問題 1.5. 2次方程式 $ax^2 + bx + c = 0$ の解を解の公式

$$x = \frac{-b \pm \sqrt{b^2 - 4ac}}{2a}$$

で計算するときの桁落ちとその対策について述べよ．

(解答)

$$x_1 = \frac{-b + \sqrt{b^2 - 4ac}}{2a}$$

を求めるとき，$b > 0$ かつ $b^2 \gg 4ac$ ならば，x_1 の分子の計算において桁落ちが起る．これを防ぐには，

$$x_1 = \frac{-c}{b + \sqrt{b^2 - 4ac}}$$

と変形すればよい．

また，$b < 0$ かつ $b^2 \gg 4ac$ のときは，$x_2 = \frac{-b - \sqrt{b^2 - 4ac}}{2a}$ の分子に桁落ちが生じるから

$$x_2 = \frac{c}{\sqrt{b^2 - 4ac} - b}$$

として桁落ちを防ぐ．

■■■ 演習問題 ■■■■■■■■■■■■■■■■■■■■■■■■■

演習問題 1.6 x の絶対値が非常に小さいとき，$1 - \cos x$ をコンピュータ上で計算すると桁落ちが生じるか？生じるならば，その理由を書き，桁落ちしないような計算法を示せ．(6点)

演習問題 1.7 $|x| \gg |y|$ のとき，$\sqrt{x + y} - \sqrt{x}$ をコンピュータ上で計算すると桁落ちが生じるか？生じるならば，その理由を書き，桁落ちしないような計算法を示せ．(6点)

Section 1.3
浮動小数点数

―― 浮動小数点数 ――

定義 1.8． β 進 t 桁の**浮動小数点数** $\bar{x}$ とは，

$$\begin{aligned}
\bar{x} &= \pm\left(\frac{d_1}{\beta} + \frac{d_2}{\beta^2} + \cdots + \frac{d_t}{\beta^t}\right) \times \beta^e \\
&= \pm(0.d_1 d_2 \ldots d_t)_\beta \times \beta^e, \\
& d_i \in \{0, 1, \ldots, \beta-1\},\ L \leq e \leq U
\end{aligned} \quad (1.1)$$

と表現される数のことである．ここで，$\pm$ を**符号**，e を**指数**，$(0.d_1 d_2 \ldots d_t)_\beta$ を**仮数**という．

通常，なるべく多くの有効桁数を保持するために $\bar{x} \neq 0$ のときは $d_1 \neq 0$ となるようにする．これを浮動小数点数の**正規化**という．

―― アンダーフロー・オーバーフロー ――

定義 1.9． $\bar{x}$ で表現できる絶対値最大数を $x_{\max}$ とし，絶対値最小数を $x_{\min}$ とする．

計算過程で，計算値が $x_{\max}$ を上回ることを**オーバーフロー**，$x_{\min}$ を下回ることを**アンダーフロー**という．

―― IEEE754 ――

定義 1.10． **IEEE754** とは，多くのメーカーが採用している $\beta = 2$ の浮動小数点演算規格である．正規化数では $d_1 = 1$ なので，d_1 を格納する領域は必要ない．これを**ケチ表現**という．

IEEE754 規格の倍精度型では，$\beta = 2$，$t = 53$，$-1022 \leq e \leq 1023$ となっているので，

$$x_{\max} = (0.111\ldots 1)_2 \times 2^{1023} = (1 - 2^{-53}) \times 2^{1023} \approx 2^{1023}$$
$$x_{\min} = (0.100\ldots 0)_2 \times 2^{-1022} = 2^{-1022-1} = 2^{-1023}$$

である．

―――――― IEEE754 の特殊な数 ――――――

定義 1.11．NaN(Not a Number) は，$0/0$ や $\sqrt{-1}$ など，数でなくなる状況のときに生成される特殊な数で，ある部分が NaN として評価されるとそれ以降の評価はすべて NaN となる．

また，オーバーフローが起きたときでも処理が続けられるように無限大 (Infinity) という特殊な数が IEEE754 では導入されている．無限大は NaN とは異なり，ある部分が無限大として評価されたとしても最終的な式の評価は通常の浮動小数点数になる場合がある．

―――――― IEEE754 の丸めモード ――――――

定義 1.12．IEEE754 で定められている丸めモードは次の通りである．以下では，$x \in \mathbb{R}$ とする．

(1) 上向きの丸め (round upward)

x 以上の浮動小数点数の中で最も小さい数に丸める．

(2) 下向きの丸め (round downward)

x 以下の浮動小数点数の中で最も大きい数に丸める．

(3) 最近点への丸め (round to nearest)

x に最も近い浮動小数点数に丸める．もしも，このような点が 2 点ある場合は，仮数部の最終ビットが偶数である浮動小数点数に丸める．これを偶数への丸め (round to even) という．

(4) 切り捨て (round toward 0)

絶対値が x 以下の浮動小数点数の中で最も x に近いものに丸める．

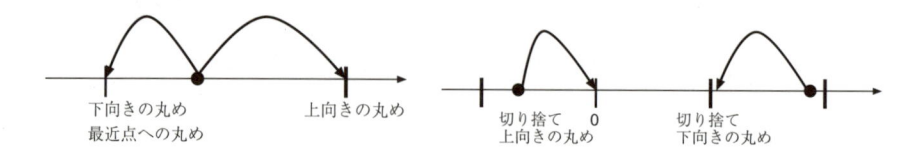

IEEE754における四則演算はあたかも無限桁で計算した結果を所定の型に丸めるように定められている．

倍精度の表現

定義 1.13． 倍精度の場合，(1.1) を表現するには次のように 64 ビット必要となる．

1ビット	11ビット	52ビット
符号 s	指数 E	仮数 d

指数には**バイアス表現**を使い，$E = e + 1023$ とする．また，符号は $s = 0$ のとき正で，$s = 1$ のとき負である．なお，バイアス表現を**ゲタばき表現**と呼ぶこともある．

マシンイプシロン

定義 1.14． 実数 x が $x_{\min} \leq |x| \leq x_{\max}$ の範囲にあるとき，浮動小数点体系と丸めの方式で決まる u によって，

$$\bar{x} = x(1 + \varepsilon_x), \quad |\varepsilon_x| \leq u$$

が成立する．ここで，u は浮動小数点数表示の相対誤差限界を表す重要な指標で**丸めの単位**と呼ばれる．IEEE754 のデフォルトである最近点への丸め（四捨五入）の場合，$u = 2^{-53} = \frac{1}{2} 2^{-52}$ である．また，$\varepsilon_M = 2^{-52}$ を**マシンイプシロン**と呼ぶ．

―― 演算過程について ――

β 進 t 桁の正規化された 2 つの浮動小数点数を $x = d_x \times \beta^{e_x}$, $y = d_y \times \beta^{e_y}$ とする．このとき，加減乗除算は次のように実行されると考えてよい．

- 加減算

  ここでは，$\beta^{e_x} \geq \beta^{e_y}$ とする．

  1. 指数の大きい方に小数点の位置を合わせる．
  2. 仮数部の加減算を実行する．
  3. t 桁の浮動小数点数になるように丸めて正規化する．

- 乗除算

  1. 仮数の乗除算 $d_x \circ d_y$ ($\circ \in \{\times, \div\}$) を行う．
  2. 乗算のときは $e_x + e_y$ を，除算のときは $e_x - e_y$ を指数とする．
  3. t 桁の浮動小数点数となるように丸めて正規化する．

浮動小数点数の正規化

問題 1.6. 浮動小数点数

$$\pm\left(\frac{d_1}{\beta} + \frac{d_2}{\beta^2} + \cdots + \frac{d_p}{\beta^p}\right) \times \beta^e \qquad (0 \leq d_i < \beta)$$

において $d_1 \neq 0$ とすると有効桁数を多く保持できる以外にどのようなメリットが考えられるか? (4点)

(解答) 浮動小数点数を一意に定めることができる．例えば，$d_1 \neq 0$ でなければ，$0.49 = 4.9 \times 10^{-1} = 0.49 \times 10^0 = 0.049 \times 10^1$ のように2通り以上の表現が可能である．

【評価基準・注意】════════════════════

- 「最終桁のずれを見ることができる」「より下位の桁を見ることができる」「精度が上がる」というのは，有効桁数を多く保持できることによる結果なので解答としては0点．「有効桁数を多く保持できる以外に」と書いてあるので，それによる結果を書いても意味がない．

- 第1桁 d_1 を省略して1ビット節約できる (ケチ表現) のは $\beta = 2$ のときのみなので，これをメリットとして書いたものは0点．

- 「非正規化に比べて数どうしの比較や演算が行いやすい」というのは根拠が不明確なので0点．演算は，非正規化か正規化かどちらかに徹すれば行いやすくなる．

════════════════════
■■■ 演習問題 ■■■■■■■■■■■■■■■■■■■■■■

演習問題 1.8 浮動小数点数の正規化を行わない場合には，どのような利点があると考えられるか?

IEEE754 による計算

問題 1.7. IEEE754 に準拠したコンピュータで計算した場合，倍精度型 (double 型) において $(1+2^{-53})$ および $(1-2^{-53})$ を四捨五入で計算すると結果はどうなるか? 理由を述べて答えよ．(6 点)

(解答)

$$1+u = 1+2^{-53}$$
$$= \left(\frac{1}{2}+\frac{0}{2^2}+\cdots+\frac{0}{2^{53}}\right) \times 2 + \left(\frac{1}{2}+\frac{0}{2^2}+\cdots+\frac{0}{2^{53}}\right) \times 2^{-52}$$
$$= \left(\frac{1}{2}+\frac{0}{2^2}+\cdots\frac{0}{2^{53}}+\frac{1}{2^{54}}\right) \times 2$$

ここで，$t=53$ なので，$\frac{1}{2^{54}}$ は偶数の丸めにより切り捨てられる．よって，

$$1+u = \left(\frac{1}{2}+\frac{0}{2^2}+\cdots+\frac{0}{2^{53}}\right) \times 2 = 1$$

となる．

一方，

$$1-u = 1-2^{-53}$$
$$= \left(\frac{1}{2}+\frac{0}{2^2}+\cdots+\frac{0}{2^{53}}\right) \times 2 - \left(\frac{1}{2}+\frac{0}{2^2}+\cdots+\frac{0}{2^{53}}\right) \times 2^{-52}$$
$$= \left(\frac{1}{2}+\frac{0}{2^2}+\cdots\frac{0}{2^{53}}-\frac{1}{2^{54}}\right) \times 2$$
$$= \left(\frac{0}{2}+\frac{1}{2^2}+\cdots\frac{1}{2^{53}}\right) \times 2$$
$$\doteqdot \left(\frac{1}{2}+\frac{1}{2^2}+\cdots+\frac{1}{2^{52}}+\frac{0}{2^{53}}\right) \times 2^0$$
$$= \left(\frac{1}{2}+\frac{1}{2^2}+\cdots+\frac{1}{2^{52}}\right) \times 2^0$$

となる．

【評価基準・注意】

- IEEE754における四則演算はあたかも無限桁で計算した結果を所定の型に丸めるように定められている．

- $1+u=1+2^{-53}=\left(\frac{1}{2}+\frac{0}{2^2}+\cdots+\frac{0}{2^{53}}+\frac{1}{2^{54}}+\frac{0}{2^{55}}\right)\times 2$ の $t=55$ に対応する部分が 0 であることに注意すること．$\beta=2$ では，$t+1$ 桁目が 1 で，$t+2$ 桁目以降が 0 ならば，t 桁目から見て $t+1$ 桁目は必ず中間点にある．

- 10進数に変換して $1+2^{-53}=1.00000000000000001110...$，$1-2^{-53}=0.99999999999999988898$ なので，偶数への丸めより $1+2^{-53}=1$，$1-2^{-53}=0.9999999999999998$ と書いているものも正解とする．

- 「$1+2^{-53}$ はオーバーフローを起こす」という答案もあったが，もちろんこんなことは起こらないので 0 点．もし，オーバーフローを起こすのなら，$1+1$ すら計算できなくなる．

- $(0.1000\cdots 0)_2 \times 2^e$ のように書いて，e に具体的な数を明記していないものは 0 点．

- 「計算順序による計算結果の違いはない」というような全く関係ないことを書いているものは 0 点．

- 考え方が合っていても，$(0.9999\cdots 9)_2 \times 2^0$ という表記をしていた場合，3点減点．2進数は 0 か 1 のみ．

- 「53桁より長い桁は53桁に丸められるので共に 1」としているものは 0 点．具体的にどのように数が丸められるか分かっているとは思えない．

■■■ 演習問題 ■■■

演習問題 1.9 IEEE754に準拠したコンピュータで計算した場合，倍精度型 (double型) において $(1+2^{-53}+2^{-54})$ を四捨五入 (最近点への丸め) で計算すると結果はどうなるか？ 理由を述べて答えよ．(8点)

―― 浮動小数点数の表現 ――

問題 1.8. IEEE754 規格の (正規化された) 倍精度浮動小数点数について,符号ビット s が 0,指数部ビット E が $E = 10000000111$,仮数部ビット d が $d = 10011000\ldots00$ である浮動小数点数を 10 進数で表せ. (5 点)

(解答) 符号は $s = 0$ より正で,指数は $e = E - 1023 = 2^{10} + 2^2 + 2^1 + 2^0 - 1023 = 8$ で,仮数は $1 + \frac{1}{2} + \frac{1}{2^4} + \frac{1}{2^5} = 1.59375$ である.よって求める浮動小数点数は,$1.59345 \times 2^8 = 408$.

【評価基準・注意】==========================

- 考え方 (バイアス表現も含む) が合っていれば計算ミスがあっても部分点あり.
- IEEE754 ではケチ表現が採用されているので正規化された浮動小数点数の仮数部は 1 から始まることに注意.

==
■■■ 演習問題 ■■■■■■■■■■■■■■■■■■■■■■■■■■■■

演習問題 1.10 IEEE754 規格の (正規化された) 倍精度浮動小数点数について,符号 s が 0,指数部 $E = 10000011111$,仮数部 $d = 001010\ldots00$ をである浮動小数点数を 10 進数で表せ. (5 点)

第2章

ノルム

Section 2.1
ベクトルノルム

───── ベクトルノルム ─────

定義 2.1． x, y を任意の n 次元複素ベクトル，つまり，$\forall x, y \in \mathbb{C}^n$ とし，α を任意の複素数とする．このとき，次の (N1)～(N3) を満たす量 $\|\cdot\|$ を**ベクトルノルム**または単に**ノルム**という．

(N1) $\|x\| \geq 0;\ \|x\| = 0 \iff x = \mathbf{0}$

(N2) $\|\alpha x\| = |\alpha|\|x\|$

(N3) $\|x + y\| \leq \|x\| + \|y\|$　　　（三角不等式）

なお，(N1)～(N3) を**ノルムの公理**という．

―― ベクトルノルムの例 ――

代表的なベクトルノルムには次のようなものがある．ただし，$\bm{x} = [x_1, x_2, \ldots, x_n]^t \in \mathbb{C}^n$．

1-ノルム $\|\bm{x}\|_1 = \displaystyle\sum_{i=1}^{n} |x_i|$

2-ノルム $\|\bm{x}\|_2 = \sqrt{\displaystyle\sum_{i=1}^{n} |x_i|^2}$

∞-ノルムまたは**最大値ノルム** $\|\bm{x}\|_\infty = \displaystyle\max_{1 \leq i \leq n} |x_i|$

―― 内積 ――

定義 2.2．2つのベクトル $\bm{x}, \bm{y} \in \mathbb{C}^n$ の**内積**を次のように定義する．

$$(\bm{x}, \bm{y}) = \sum_{i=1}^{n} x_i \bar{y}_i, \qquad \bar{y}_i \text{ は } y_i \text{ の共役複素数}$$

また，内積は次の性質を満たす．ただし，λ は任意の複素数である．

(I1) $(\bm{x}, \bm{y}) = \overline{(\bm{y}, \bm{x})}$

(I2) $(\lambda \bm{x}, \bm{y}) = \lambda (\bm{x}, \bm{y})$

(I3) $(\bm{x}_1 + \bm{x}_2, \bm{y}) = (\bm{x}_1, \bm{y}) + (\bm{x}_2, \bm{y})$

(I4) $(\bm{x}, \bm{x}) \geq 0$．等号は $\bm{x} = \bm{0}$ のときに限る．

―― ノルムの同値性 ――

定義 2.3．すべての n 次元ベクトル $\bm{x} \in \mathbb{C}^n$ に対して

$$m\|\bm{x}\|_\alpha \leq \|\bm{x}\|_\beta \leq M\|\bm{x}\|_\alpha$$

を満たす正数 m と M が存在するとき，2種類のベクトルノルム $\|\bm{x}\|_\alpha$ と $\|\bm{x}\|_\beta$ は**同値**であるという．

なお，ベクトルノルムはすべて同値であることが知られている．

シュワルツの不等式

問題 2.1. 任意のベクトル $x, y \in \mathbb{R}^n$ に対して，$|(x, y)| \leq \|x\|_2 \|y\|_2$ が成り立つことを内積と 2-ノルムの定義に基づき示せ．この不等式はシュワルツの不等式と呼ばれる．(5 点)

(ヒント) 任意の実数 t に対して $\sum_{i=1}^n (tx_i + y_i)^2 \geq 0$ を考えて t に関する 2 次方程式の判別式の性質を利用する．

(解答) $x = [x_1, x_2, \cdots, x_n]^t, y = [y_1, y_2, \cdots, y_n]^t$ とすると任意の実数 t に対して，

$$0 \leq \sum_{i=1}^n (tx_i + y_i)^2 = t^2 \sum_{i=1}^n x_i^2 + 2t \sum_{i=1}^n x_i y_i + \sum_{i=1}^n y_i^2$$

なので，t に関する 2 次方程式の判別式の性質より，

$$\left(\sum_{i=1}^n x_i y_i\right)^2 - \sum_{i=1}^n x_i^2 \sum_{i=1}^n y_i^2 \leq 0$$

が成り立つ．よって，$\left(\sum_{i=1}^n x_i y_i\right)^2 \leq \sum_{i=1}^n x_i^2 \sum_{i=1}^n y_i^2$ が成り立つので，$|(x, y)| \leq \|x\|_2 \|y\|_2$ が従う．

【評価基準・注意】=========================

- 判別式の符号が間違っているものは 0 点．
- 直交する 2 つのベクトルに対する内積の性質 (ピタゴラスの定理)「ベクトル a, b が $(a, b) = 0$ を満たすならば，$\|x + y\|^2 = \|x\|^2 + \|y\|^2$ が成り立つ」を使用しているものも正解とするが,「ヒントに基づき証明せよ」と出題された場合は 0 点になるので注意．また，$|(x, y)| = \|x\| \|y\| |\cos \theta| \leq \|x\| \|y\|$ や $(\sum_{i=1}^n |x_i||y_i|)^2 \leq (\sum_{i=1}^n |x_i|^2)(\sum_{i=1}^n |y_i|^2)$ を使って証明した場合も同様．

==
■■■ **演習問題** ■■■■■■■■■■■■■■■■■■■■■

演習問題 2.1 任意のベクトル $x, y \in \mathbb{R}^n$ について次の等式を証明せよ．
(1) $(x, y) = \frac{1}{2}(\|x\|_2^2 + \|y\|_2^2 - \|x - y\|_2^2)$
(2) $\|x + y\|_2^2 + \|x - y\|_2^2 = 2(\|x\|_2^2 + \|y\|_2^2)$

―― ノルムの公理 ――

問題 2.2. $\mathbb{R}^n$ においてベクトルノルム $\|\cdot\|_2$ がノルムの公理 (N1)〜(N3) を満たすことを 2-ノルムの定義に基づき示せ. (8点)

(解答)

(N1) $\bm{x} = [x_1, x_2, \cdots, x_n]^t$ に対して,$\|\bm{x}\|_2 = \sqrt{x_1^2 + x_2^2 + \cdots + x_n^2} \geq 0$ が成立する.また,

$$\begin{aligned}\|\bm{x}\|_2 = 0 &\iff x_1^2 + x_2^2 + \cdots + x_n^2 = 0 \\ &\iff x_1 = x_2 = \cdots = x_n = 0 \\ &\iff \bm{x} = [0, 0, \cdots, 0]^t.\end{aligned}$$

(N2) α を実数とし,$\bm{x} = [x_1, x_2, \cdots, x_n]^t$ とすると,

$$\begin{aligned}\|\alpha \bm{x}\|_2 = \sqrt{(\alpha x_1)^2 + \cdots + (\alpha x_n)^2} &= \sqrt{\alpha^2 (x_1^2 + \cdots + x_n^2)} \\ &= |\alpha| \sqrt{x_1^2 + \cdots + x_n^2} = |\alpha| \|\bm{x}\|_2.\end{aligned}$$

(N3) $\bm{x} = [x_1, x_2, \cdots, x_n]^t, \bm{y} = [y_1, y_2, \cdots, y_n]^t$ とすると,シュワルツの不等式より

$$\begin{aligned}\|\bm{x} + \bm{y}\|_2^2 &= \sum_{i=1}^n (x_i + y_i)^2 = \sum_{i=1}^n x_i^2 + 2\sum_{i=1}^n x_i y_i + \sum_{i=1}^n y_i^2 \\ &\leq \|\bm{x}\|_2^2 + 2\sqrt{\sum_{i=1}^n x_i^2} \sqrt{\sum_{i=1}^n y_i^2} + \|\bm{y}\|_2^2 \\ &= \|\bm{x}\|_2^2 + 2\|\bm{x}\|_2 \|\bm{y}\|_2 + \|\bm{y}\|_2^2 = (\|\bm{x}\|_2 + \|\bm{y}\|_2)^2\end{aligned}$$

なので,$\|\bm{x} + \bm{y}\|_2 \leq \|\bm{x}\|_2 + \|\bm{y}\|_2$.

【評価基準・注意】========================

- (N1)(N2) は各 2 点．(N3) は 4 点．

- $\|\boldsymbol{x}+\boldsymbol{y}\|_2 = \sqrt{|x_1+y_1|^2+\cdots+|x_n+y_n|^2} \leq \sqrt{|x_1|^2+\cdots+|x_n|^2}$
$$+\sqrt{|y_1|^2+\cdots+|y_n|^2} = \|\boldsymbol{x}\|_2 + \|\boldsymbol{y}\|_2$$
としているものは，どのような不等式を使って平方根を分けたのかが不明なので (N3) については 0 点．通常，単純に平方根を分けると，$(x-y)^2 = x^2 - 2xy + y^2 \geq 0$ より
$$\sqrt{|x+y|^2} = \sqrt{(x+y)^2} = \sqrt{x^2+y^2+2xy}$$
$$\leq \sqrt{2(x^2+y^2)} \leq \sqrt{2}(\sqrt{x^2}+\sqrt{y^2})$$
のようになって，$\sqrt{2}$ が出てしまう．

==
■■■ 演習問題 ■■■■■■■■■■■■■■■■■■■■■■■■

演習問題 2.2 $\mathbb{R}^n$ においてベクトルノルム $\|\cdot\|_1$ がノルムの公理 (N1)〜(N3) を満たすことを 1-ノルムの定義に基づき示せ．

―― ベクトルノルムの同値性 ――

問題 2.3. $\mathbb{R}^n$ においてベクトルノルム $\|\cdot\|_1$ と $\|\cdot\|_2$ は同値であることを 1-ノルムと 2-ノルムの定義に基づき示せ. (8 点)

(解答) $m\|\boldsymbol{x}\|_1 \leq \|\boldsymbol{x}\|_2 \leq M\|\boldsymbol{x}\|_1$ を満たす $m > 0, M > 0$ が存在することを示せばよい. $\mathbb{R}^n$ の任意のベクトルを $\boldsymbol{x} = [x_1, x_2, \cdots, x_n]^t \in \mathbb{R}^n$ とする. $\boldsymbol{a} = [|x_1|, |x_2|, \cdots, |x_n|]^t$, $\boldsymbol{b} = [1, 1, \cdots, 1]^t$ に対してシュワルツの不等式を適用すると,

$$|x_1| + |x_2| + \cdots + |x_n| \leq \left(\sum_{i=1}^n 1^2\right)^{\frac{1}{2}} \left(\sum_{i=1}^n |x_i|^2\right)^{\frac{1}{2}} = \sqrt{n}\|\boldsymbol{x}\|_2$$

が成り立つので, $\|\boldsymbol{x}\|_1 \leq \sqrt{n}\|\boldsymbol{x}\|_2$ が成り立つ. これより, $\dfrac{1}{\sqrt{n}}\|\boldsymbol{x}\|_1 \leq \|\boldsymbol{x}\|_2$ が従う.

また,

$$(|x_1| + |x_2| + \cdots + |x_n|)^2 - (x_1^2 + x_2^2 + \cdots + x_n^2) \geq 0$$

なので, $\|\boldsymbol{x}\|_2 = \sqrt{x_1^2 + x_2^2 + \cdots + x_n^2} \leq |x_1| + |x_2| + \cdots + |x_n| = \|\boldsymbol{x}\|_1$ が成り立つ. 以上のことより,

$$\frac{1}{\sqrt{n}}\|\boldsymbol{x}\|_1 \leq \|\boldsymbol{x}\|_2 \leq \|\boldsymbol{x}\|_1$$

が成り立つので, $\|\cdot\|_1$ と $\|\cdot\|_2$ は同値である.

【評価基準・注意】====================

- $\|\boldsymbol{x}\|_2 \leq \|\boldsymbol{x}\|_1 \leq \sqrt{n}\|\boldsymbol{x}\|_2$ を示してもよい.
- 「$n\max_{1\leq i\leq n} |x_i| = n\|\boldsymbol{x}\|_2$」のような式変形のミスは, 全体の証明が合っていても 2 点減点. この場合, 正しくは「$n\max_{1\leq i\leq n} |x_i| \leq n\|\boldsymbol{x}\|_2$」となる.
- $\|\boldsymbol{x}\|_1 \leq n\|\boldsymbol{x}\|_2$ としているものは $\|\boldsymbol{x}\|_1 \leq \sqrt{n}\|\boldsymbol{x}\|_2 \leq n\|\boldsymbol{x}\|_2$ という意味で結果は合っているが, ただ単に「$\|\boldsymbol{x}\|_1 \leq n\|\boldsymbol{x}\|_2$ なので」というように結果しか書いていないものは 0 点. なお, $\|\boldsymbol{x}\|_1 = \sum_{i=1}^n |x_i| \leq \sum_{i=1}^n \max_{1\leq i\leq n} |x_i| = n\max_{1\leq i\leq n} |x_i| \leq n\|\boldsymbol{x}\|_2$ のように根拠を書いてあれば正解とする.
- $\|\boldsymbol{x}\|_1 = \sum_{i=1}^n |x_i| \leq \sqrt{\sum_{i=1}^n |x_i|^2} = \|\boldsymbol{x}\|_2$ としているものは 0 点. これは, 一般には成り立たない. 例えば, $n = 2, x_1 = 1, x_2 = 2$ とすると, $\sum_{i=1}^n |x_i| = |x_1| + |x_2| = 3$, $\sqrt{\sum_{i=1}^n |x_i|^2} = \sqrt{1+4} = \sqrt{5} \approx 2.236$ となる. また, $\sum_{i=1}^n |x_i| \leq \sum_{i=1}^n |x_i|^2$ も成り立たないことに注意 (例えば, $x_i = 0.1$ を考えよ).

■■■ **演習問題** ■■■■■■■■■■■■■■■■■■■■■■■■

演習問題 2.3 $\mathbb{R}^n$ においてベクトルノルム $\|\cdot\|_1$ と $\|\cdot\|_\infty$ は同値であることを 1-ノルムと ∞-ノルムの定義に基づき示せ．

ベクトルノルムの性質

問題 2.4. ノルムの公理を使って，$\forall x, y \in \mathbb{R}^n$ および任意のベクトルノルム $\|\cdot\|$ に対して

$$\big|\|x\| - \|y\|\big| \leq \|x \pm y\| \leq \|x\| + \|y\|$$

が成り立つことを示せ．(6 点)

(解答) ノルムの公理 (N3:三角不等式) より $\|x + y\| \leq \|x\| + \|y\|$ であり，ノルムの公理 (N2) より $\|-y\| = \|y\|$ なので，$\|x \pm y\| \leq \|x\| + \|y\|$ が成り立つ．

また，

$$\begin{aligned}
\|x\| - \|y\| &= \|x \pm y \mp y\| - \|y\| \\
&\leq \|x \pm y\| + \|y\| - \|y\| = \|x \pm y\|
\end{aligned}$$

であり，

$$\begin{aligned}
\|y\| - \|x\| &= \|y \pm x \mp x\| - \|x\| \\
&\leq \|y \pm x\| + \|x\| - \|x\| = \|x \pm y\|
\end{aligned}$$

なので $\big|\|x\| - \|y\|\big| \leq \|x \pm y\|$ が成り立つ．

【評価基準・注意】===========================

- 途中で証明をやめているものは 0 点．
- $\|x - y\| \leq \|x + y\|$ という不等式を使って証明しているものは 0 点．この不等式は一般に成り立たない．例えば，1-ノルムにおいて，$x, y \in \mathbb{R}$ とし，$x = 1, y = -2$ とすると $\|x-y\| = |1-(-2)| = 3$ だが，$\|x+y\| = |1-2| = 1$ である．
- 「明らかに $\big|\|x\| - \|y\|\big| \leq \|x + y\|$」などとしているものは 0 点．解答のように正確に記述するべきである．
- 「ノルムの公理より $\|x + y\| \leq \|x\| + \|y\|$ なので，この逆より」としているものは 0 点．「逆」の意味が不明．命題における逆だと解釈しても意味がない．なぜなら，一般に逆は真ではないからである．

- 解答のように ± や ∓ を使わず $\|\bm{x}\| = \|\bm{x}-\bm{y}+\bm{y}\| \leq \|\bm{x}-\bm{y}\| + \|\bm{y}\|$ のようにマイナスもしくはプラスだけの証明で $|\|\bm{x}\|-\|\bm{y}\|| \leq \|\bm{x}\pm\bm{y}\|$ などと書いているものは 2 点減点.

- $\|\bm{x}\pm\bm{y}\| = |\bm{x}\pm\bm{y}|$ のように「絶対値＝ノルム」として書いているものは 0 点.「ノルム ≠ 絶対値」であることに注意.また,各ノルムについて証明しようとしたものも 0 点.ノルムの公理だけを利用して証明しなければならない.

==
■■■ 演習問題 ■■■■■■■■■■■■■■■■■■■■■

演習問題 2.4 n 次元ベクトル列 $\{\bm{x}^{(k)}\}_{k\geq 0}$ の各成分 $x_i^{(k)}$ がベクトル $\bm{x}$ の各成分 x_i に収束する,つまり,$\lim_{k\to\infty} x_i^{(k)} = x_i \ (1\leq i \leq n)$ となるとき,$\{\bm{x}^{(k)}\}_{k\geq 0}$ は $\bm{x}$ に収束するという.このことを $\lim_{k\to\infty} \bm{x}^{(k)} = \bm{x}$ と書く.このとき,次が成立することを示せ.
$$\lim_{k\to\infty} \|\bm{x}^{(k)} - \bm{x}\| = 0 \iff \lim_{k\to\infty} \bm{x}^{(k)} = \bm{x}.$$

Section 2.2
行列ノルム

― 行列ノルム ―

定義 2.4. A, B を n 次正方複素行列とし，α を任意の複素数とする．このとき，次の (M1)〜(M4) を満たす $\|\cdot\|$ を**行列ノルム**という．

(M1) $\|A\| \geq 0$; $\|A\| = 0 \iff A = O$ (M2) $\|\alpha A\| = |\alpha| \|A\|$

(M3) $\|A + B\| \leq \|A\| + \|B\|$ (M4) $\|AB\| \leq \|A\| \|B\|$

さらに，

(M5) 任意のベクトル $\boldsymbol{x}$ と任意の行列 A について，

$$\|A\boldsymbol{x}\| \leq \|A\| \|\boldsymbol{x}\|$$

を満たすとき，両者は**互いに両立している**という．

A が $m \times n$ 行列のときは，(M1)〜(M3) を満たす $\|\cdot\|$ を A の行列ノルムといい，さらに $m \times n$ 行列 A と $n \times l$ 行列 B に対して (M4) が成り立つとき $\|\cdot\|$ は**劣乗法的である** (sub-multiplicative) という．

― 従属ノルム ―

定義 2.5.
$$\|A\| = \max_{\boldsymbol{x} \neq \boldsymbol{0}} \frac{\|A\boldsymbol{x}\|}{\|\boldsymbol{x}\|}$$

を行列 A の**従属ノルム**または行列 A の**ナチュラルノルム**という．

---- 行列ノルムの例 ----

$A = [a_{ij}]_{1 \le i,j \le n}$ とする．

1-ノルム $\quad \|A\|_1 = \sup\limits_{\boldsymbol{x} \ne \boldsymbol{0}} \dfrac{\|A\boldsymbol{x}\|_1}{\|\boldsymbol{x}\|_1} = \max\limits_{1 \le j \le n} \sum\limits_{i=1}^{n} |a_{ij}| \quad$ （最大列和）

2-ノルム $\quad \|A\|_2 = \sup\limits_{\boldsymbol{x} \ne \boldsymbol{0}} \dfrac{\|A\boldsymbol{x}\|_2}{\|\boldsymbol{x}\|_2} = \sqrt{(A^*A) \text{ の最大固有値}}$,

$\qquad\qquad\qquad\qquad\qquad\qquad A^*$ は A の共役転置行列

フロベニウスノルム $\quad \|A\|_F = \sqrt{\sum\limits_{i=1}^{n}\sum\limits_{j=1}^{n} |a_{ij}|^2} = \sqrt{\text{tr}(A^*A)}$

∞-ノルム, 最大値ノルム

$\qquad \|A\|_\infty = \sup\limits_{\boldsymbol{x} \ne \boldsymbol{0}} \dfrac{\|A\boldsymbol{x}\|_\infty}{\|\boldsymbol{x}\|_\infty} = \max\limits_{1 \le i \le n} \sum\limits_{j=1}^{n} |a_{ij}| \quad$ （最大行和）

---- スペクトル半径 ----

定義 2.6． $\lambda_1, \lambda_2, \ldots, \lambda_n$ を n 次正方行列 A の固有値とする．このとき，$\max\limits_{1 \le i \le n} |\lambda_i|$ を A の**スペクトル半径**といい $\rho(A)$ で表す．

---- スペクトル半径の性質 1 ----

定理 2.1． (M5) を満たす任意の行列ノルムに対し，$\rho(A) \le \|A\|$ が成り立つ．

---- スペクトル半径の性質 2 ----

定理 2.2． A がエルミート行列 (すなわち $A = A^*$) ならば $\|A\|_2 = \rho(A)$．

---- 条件数 ----

定義 2.7． n 次正方行列 A に対して $\text{cond}(A) = \|A\| \cdot \|A^{-1}\|$ を行列 A の**条件数**という．本書では，例えば 1-ノルムによる条件数を cond_1，∞-ノルムによる条件数を cond_∞ と表す．

線形変換 $y = Ax$ に対して,入力 x の誤差を Δx,出力 y の誤差を Δy とすると,
$$\frac{\|\Delta y\|}{\|y\|} \leq \text{cond}(A) \frac{\|\Delta x\|}{\|x\|}$$
が成り立つ.これより,条件数が大きければ入力誤差に比べて出力誤差が大きくなる可能性があるといえる.

ノルムの計算

問題 2.5. 次の問に答えよ.

(1) ベクトル $x = [-4, -1, -3, -5]^t$ に対し, ベクトルノルム $\|x\|_1, \|x\|_2, \|x\|_\infty$ を求めよ. (3点)

(2) 行列 $A = \begin{bmatrix} 2+i & i & 0 \\ i & 2+i & i \\ 0 & i & 2+i \end{bmatrix}$ に対し, 行列ノルム $\|A\|_1, \|A\|_2, \|A\|_F, \|A\|_\infty$ を求めよ. (12点)

(解答)

(1) $\|x\|_1 = 4+1+3+5 = 13, \|x\|_2 = \sqrt{16+1+9+25} = \sqrt{51}, \|x\|_\infty = 5.$

(2) $\|A\|_1 = \max(|2+i|+|i|, |i|+|2+i|+|i|, |i|+|2+i|) = \max(1+\sqrt{5}, 2+\sqrt{5}, 1+\sqrt{5}) = 2+\sqrt{5}$

$\|A\|_\infty = \max(|2+i|+|i|, |i|+|2+i|+|i|, |i|+|2+i|) = \max(1+\sqrt{5}, 2+\sqrt{5}, 1+\sqrt{5}) = 2+\sqrt{5}$

$\|A\|_F = \sqrt{3|2+i|^2 + 4|i|^2} = \sqrt{15+4} = \sqrt{19}$

$$|A - \lambda I| = \begin{vmatrix} 2+i-\lambda & i & 0 \\ i & 2+i-\lambda & i \\ 0 & i & 2+i-\lambda \end{vmatrix}$$
$$= (2+i-\lambda)^3 - 2i^2(2+i-\lambda)$$
$$= (2+i-\lambda)(\lambda^2 - 2(2+i)\lambda + 4i + 5) = 0$$

より, $\lambda = 2+i, 2+i \pm \sqrt{2}i$ であり, A は正規行列なので演習問題2.5より A^*A の固有値 μ は, $(2+i)(2-i) = 5$, $(2+i+\sqrt{2}i)(2-i-\sqrt{2}i) = 7+2\sqrt{2}$, $(2+i-\sqrt{2}i)(2-i+\sqrt{2}i) = 7-2\sqrt{2}$ なので, $\|A\|_2 = \sqrt{7+2\sqrt{2}}$.

【評価基準・注意】==============================

- (1) は各 1 点. $\sqrt{51} = 7.14$ のように小数で表現しようとする人がいるが,採点者によっては減点される場合があるので,特に指示がない限り平方根のままにした方がよい.

- (1) において $\|x\|_2$ を求めるのに $|x^t x - \lambda I| = 51 - \lambda = 0$ を考えているものは 0 点. これはベクトルノルムの定義に基づいた答えではない. なお,ベクトルノルム $\|\cdot\|_2$ が x を 4 行 1 列行列と考えた場合の行列ノルム (2-ノルム) と一致するように定義されているので答えが一致していることに注意.

- (2) は $\|A\|_1, \|A\|_F, \|A\|_\infty$ は各 2 点, $\|A\|_2$ は 6 点.

- $A^* = -A$ となる行列 (歪エルミート行列という) は正規行列.

- 固有値の求め方については第 5 章を参照すること.

===================================
■■■ 演習問題 ■■■■■■■■■■■■■■■■■■■■■■■■■■■■

演習問題 2.5 n 次複素正方行列 A の共役転置行列を A^* とし,A の固有値を λ_i とする. このとき,A が正規行列,つまり,$A^* A = A A^*$ を満たすならば,$A^* A$ の固有値は $|\lambda_i|^2$ となることを示せ. (10 点)

演習問題 2.6 ベクトル $x = [2, 1, 4, -8]^t$ に対し,ベクトルノルム $\|x\|_1, \|x\|_2, \|x\|_\infty$ を求めよ. (6 点)

演習問題 2.7 $x = [i, 3 + 2i, 4, -5]^t$ とするとき,$\|x\|_1, \|x\|_2, \|x\|_\infty$ を求めよ.

演習問題 2.8 行列 $\begin{bmatrix} 2 & 1 & 0 \\ 1 & 2 & 1 \\ 0 & 1 & 2 \end{bmatrix}$ の行列ノルム $\|A\|_1, \|A\|_\infty, \|A\|_2, \|A\|_F$ を求めよ. (12 点)

条件数

問題 2.6. $A = \begin{bmatrix} 3 & 2 \\ 4 & 1 \end{bmatrix}$ の条件数 $\text{cond}_1(A), \text{cond}_\infty(A), \text{cond}_2(A)$ を求めよ．(10 点)

(解答) $A^{-1} = \frac{1}{3-8}\begin{bmatrix} 1 & -2 \\ -4 & 3 \end{bmatrix} = \begin{bmatrix} -\frac{1}{5} & \frac{2}{5} \\ \frac{4}{5} & -\frac{3}{5} \end{bmatrix}$ なので，

$$\|A\|_1 = \max(3+4, 2+1) = 7$$
$$\|A^{-1}\|_1 = \max(|-\frac{1}{5}|+|\frac{4}{5}|, |\frac{2}{5}|+|-\frac{3}{5}|) = 1$$
$$\|A\|_\infty = \max(3+2, 4+1) = 5$$
$$\|A^{-1}\|_\infty = \max(|-\frac{1}{5}|+|\frac{2}{5}|, |\frac{4}{5}|+|-\frac{3}{5}|) = \frac{7}{5}.$$

また，$AA^t = \begin{bmatrix} 3 & 2 \\ 4 & 1 \end{bmatrix}\begin{bmatrix} 3 & 4 \\ 2 & 1 \end{bmatrix} = \begin{bmatrix} 13 & 14 \\ 14 & 17 \end{bmatrix}$ なので，

$$|AA^t - \lambda I| = \begin{vmatrix} 13-\lambda & 14 \\ 14 & 17-\lambda \end{vmatrix} = (13-\lambda)(17-\lambda) - 196 = \lambda^2 - 30\lambda + 25 = 0$$

より，$\lambda = 15 \pm \sqrt{225-25} = 15 \pm 10\sqrt{2}$.

したがって，AA^t の固有値は $\lambda = 15 \pm 10\sqrt{2}$ なので，

$$\|A\|_2 = \sqrt{\max|\lambda|} = \sqrt{15+10\sqrt{2}}$$
$$\|A^{-1}\|_2 = \sqrt{\frac{1}{\min|\lambda|}} = \frac{1}{\sqrt{15-10\sqrt{2}}}.$$

ゆえに，

$\text{cond}_1(A) = \|A\|_1 \|A^{-1}\|_1 = 7 \cdot 1 = 7,$
$\text{cond}_2(A) = \|A\|_2 \|A^{-1}\|_2 = \sqrt{\dfrac{15+10\sqrt{2}}{15-10\sqrt{2}}} = \sqrt{\dfrac{3+2\sqrt{2}}{3-2\sqrt{2}}}$
$\qquad\qquad\qquad\qquad\quad = \sqrt{\dfrac{(3+2\sqrt{2})^2}{(3-2\sqrt{2})(3+2\sqrt{2})}} = 3+2\sqrt{2},$
$\text{cond}_\infty(A) = \|A\|_\infty \|A^{-1}\|_\infty = 5 \cdot \frac{7}{5} = 7.$

【評価基準・注意】================================

- $\mathrm{cond}_1(A), \mathrm{cond}_\infty(A)$ が 3 点．$\mathrm{cond}_2(A)$ が 4 点．
- 各ノルム ($\|\cdot\|_1, \|\cdot\|_2, \|\cdot\|_\infty$) を明記していないものは該当部が 1 点減点．
- 計算ミスは該当部が 1〜4 点減点．また，結果がシンプルでないもの，$\frac{15+10\sqrt{2}}{5}$，$\sqrt{17+12\sqrt{2}}$ といったものは減点対象となる場合があるので注意すること．
- 行列ノルム $\|\cdot\|_1$ と $\|\cdot\|_\infty$ を逆に覚えている人がいるので注意すること．
- 行列の 2-ノルムを求めるときに，固有値を求めて安心しないこと．

==
■■■ 演習問題 ■■■■■■■■■■■■■■■■■■■■■■■■■■

演習問題 2.9 $A = \begin{bmatrix} 1 & 0 & 1 \\ 2 & 3 & 1 \\ 3 & -1 & 2 \end{bmatrix}$ の条件数 $\mathrm{cond}_1(A)$ および $\mathrm{cond}_\infty(A)$ を求めよ．

(15 点)

演習問題 2.10 $A = \begin{bmatrix} 5 & 2 \\ 1 & 5 \end{bmatrix}$ の条件数 $\mathrm{cond}_2(A)$ を求めよ．(6 点)

スペクトル半径の性質

問題 2.7. $n \times n$ 実行列 A およびそのスペクトル半径 $\rho(A)$ に対して，$\rho(A^t A) = \rho(AA^t)$ が成り立つことを示せ．ここで，A^t は A の転置行列を表す．(5点)

(解答) $A^t A$ の固有値を λ とし $\boldsymbol{x}$ を対応する固有ベクトルとすると，$A^t A \boldsymbol{x} = \lambda \boldsymbol{x}$ なので，$AA^t A \boldsymbol{x} = \lambda A \boldsymbol{x}$ が成り立つ．ここで，$\boldsymbol{y} = A\boldsymbol{x}$ とすると，$AA^t \boldsymbol{y} = \lambda \boldsymbol{y}$ となり，これは $A^t A$ の固有値は AA^t の固有値でもあることを意味する．よって，$\rho(A^t A) = \rho(AA^t)$．

【評価基準・注意】==========================

- 「一般に $m \times n$ 行列 A および $n \times m$ 行列 B において，AB と BA の固有値が一致するから」というように証明すべきことを用いているものは2点減点．もし，「固有値の定義に基づき」と出題された場合は，解答のように解いていなければ0点．

- 「A は $n \times n$ 実行列なので $A^t A = AA^t$ が成り立つ」と書いているものは0点．もちろん，行列の積には可換性がないので，一般にはこんなことは成り立たない．A が対称行列のときのみこのことが成り立つ．

- 「$A = (A^t)^t$ なので」とし，これをどのように使ったかを明記せず，いきなり結果を書いているものは0点．$A = (A^t)^t$ は成り立つが，これを使っても結果を導くことはできない．

==
■■■ 演習問題 ■■■■■■■■■■■■■■■■■■■■■■■■■■

演習問題 2.11 行列 $A = \begin{bmatrix} 2-i & -i \\ i & 2-i \end{bmatrix}$ のスペクトル半径 $\rho(A)$ を求めよ．(8点)

ノルムの性質

問題 2.8. 次の問に答えよ. (各 6 点)

(1) $n \times n$ 実対称行列 A の最大固有値を $\lambda_{\max}$, 最小固有値を $\lambda_{\min}$ とするとき,任意の n 次元ベクトル x に対し,

$$\lambda_{\min}(x, x) \leq (x, Ax) \leq \lambda_{\max}(x, x)$$

が成り立つことを示せ.

(2) $x \in \mathbb{R}^n$ および $n \times n$ 実行列に対して,$\|x\|_2$ と $\|A\|_2$ は両立している,つまり,

$$\|Ax\|_2 \leq \|A\|_2 \|x\|_2$$

が成り立つことを 2-ノルムの定義に基づき証明せよ.

(解答) (1) A は対称行列なので,A の固有ベクトルからなる正規直交基底 $v_1, v_2, \cdots, v_n$ を選ぶことができることに注意する(線形代数の基礎知識).そこで,A の固有値を $\lambda_{\min} = \lambda_1 \leq \lambda_2 \leq \cdots \leq \lambda_n = \lambda_{\max}$ とし,それらに対応する固有ベクトルの正規直交系を $v_1, v_2, \cdots, v_n$ とする.このとき,任意の n 次元ベクトル x は $x = \sum_{i=1}^n x_i v_i$ と表すことができる.よって,

$$(x, x) = \left(\sum_{i=1}^n x_i v_i, \sum_{j=1}^n x_j v_j\right) = \sum_{i=1}^n x_i^2 \qquad (*)$$

が成立する.また $Ax = A(\sum_{i=1}^n x_i v_i) = \sum_{i=1}^n x_i (A v_i) = \sum_{i=1}^n x_i \lambda_i v_i$ なので,

$$(x, Ax) = \left(\sum_{i=1}^n x_i v_i, \sum_{j=1}^n \lambda_j x_j v_j\right) = \sum_{i=1}^n \lambda_i x_i^2 \qquad (**)$$

となる.ここで,$\lambda_{\min} \sum_{i=1}^n x_i^2 \leq \sum_{i=1}^n \lambda_i x_i^2 \leq \lambda_{\max} \sum_{i=1}^n x_i^2$ なので,$(*)$, $(**)$ より

$$\lambda_{\min}(x, x) \leq (x, Ax) \leq \lambda_{\max}(x, x).$$

(2) $A^t A$ の固有値を λ とし x を対応する固有ベクトルとすると $A^t A x = \lambda x$

なので

$$\|A\boldsymbol{x}\|_2^2 = (A\boldsymbol{x}, A\boldsymbol{x}) = (\boldsymbol{x}, A^t A\boldsymbol{x}) = (\boldsymbol{x}, \lambda\boldsymbol{x}) \le \lambda_{\max}\|\boldsymbol{x}\|_2^2$$
$$= \rho(A^t A)\|\boldsymbol{x}\|_2^2 = \|A\|_2^2\|\boldsymbol{x}\|_2^2$$

が成り立つ．よって，$\|A\boldsymbol{x}\|_2 \le \|A\|_2\|\boldsymbol{x}\|_2$．

【評価基準・注意】========================

- $\|A\boldsymbol{x}\|_2 = \sqrt{\sum_{i=1}^n |\sqrt{\rho(A^t A)}|x_i^2}$ や $\|A\boldsymbol{x}\|_2 \le \sqrt{\sum_{i=1}^n |A|^2}\sqrt{\sum_{i=1}^n |x_i|^2}$ のようにデタラメを書いているものは 0 点．

- 「$\boldsymbol{x}$ は $\lambda_{\max}$ の固有ベクトルなので等号成立」というような誤解を招く表記があるものは，証明に必要な式変形が合っていても 2 点減点．ちなみに，「等号成立は $\boldsymbol{x}$ が $\lambda_{\max}$ に対応する固有ベクトルになるときである」と書くべきである．

- 「$\|\boldsymbol{x}\|_2$ と $\|A\|_2$ は両立しているので」というように証明すべき事柄を使おうとしているような文章がある場合は，式変形などがすべて合っていても 1 点減点．

===================================
■■■ **演習問題** ■■■■■■■■■■■■■■■■■■■

演習問題 2.12 A は $n \times n$ 実対称行列とし，$\lambda_{\max}$ を A の絶対値最大固有値，$\lambda_{\min}$ を絶対値最小固有値とする．このとき，$\mathrm{cond}_2(A) = \left|\dfrac{\lambda_{\max}}{\lambda_{\min}}\right|$ を示せ．(6 点)

演習問題 2.13 $\boldsymbol{x} \in \mathbb{R}^n$ および $n \times n$ 実行列に対して，$\|\boldsymbol{x}\|_\infty$ と $\|A\|_\infty$ は両立している，つまり，
$$\|A\boldsymbol{x}\|_\infty \le \|A\|_\infty \|\boldsymbol{x}\|_\infty$$
が成り立つことを ∞-ノルムの定義に基づき証明せよ．(5 点)

―――― 行列ノルムの性質 ――――

問題 2.9. n 次実正方行列 A の従属ノルム

$$\|A\| = \max_{\boldsymbol{x} \neq \boldsymbol{0}} \frac{\|A\boldsymbol{x}\|}{\|\boldsymbol{x}\|}$$

は，次の行列ノルムの性質 (M2)〜(M4) を満たすことを示せ．ただし，(M1) および (M5) は証明せずに使用してよい．(10 点)

(M1) $\|A\| \geq 0; \|A\| = 0 \iff A = 0$

(M2) $\|\alpha A\| = |\alpha|\|A\|$ $(\alpha \in \mathbb{R})$

(M3) $\|A + B\| \leq \|A\| + \|B\|$

(M4) $\|AB\| \leq \|A\| \cdot \|B\|$

(M5) すべての $\boldsymbol{x} \in \mathbb{R}^n$ とすべての A に対して，$\|A\boldsymbol{x}\| \leq \|A\|\|\boldsymbol{x}\|$

(解答) (M2) ノルムの公理 (N2) および従属ノルムの定義より

$$\|\alpha A\| = \max_{\boldsymbol{x} \neq \boldsymbol{0}} \frac{\|\alpha A\boldsymbol{x}\|}{\|\boldsymbol{x}\|} = |\alpha| \max_{\boldsymbol{x} \neq \boldsymbol{0}} \frac{\|A\boldsymbol{x}\|}{\|\boldsymbol{x}\|} = |\alpha|\|A\|.$$

(M3) ノルムの公理 (N3) および従属ノルムの定義より

$$\|A + B\| = \max_{\boldsymbol{x} \neq \boldsymbol{0}} \frac{\|(A+B)\boldsymbol{x}\|}{\|\boldsymbol{x}\|} \leq \max_{\boldsymbol{x} \neq \boldsymbol{0}} \frac{\|A\boldsymbol{x}\| + \|B\boldsymbol{x}\|}{\|\boldsymbol{x}\|}$$
$$\leq \max_{\boldsymbol{x} \neq \boldsymbol{0}} \frac{\|A\boldsymbol{x}\|}{\|\boldsymbol{x}\|} + \max_{\boldsymbol{x} \neq \boldsymbol{0}} \frac{\|B\boldsymbol{x}\|}{\|\boldsymbol{x}\|} = \|A\| + \|B\|.$$

(M4) (M5) および従属ノルムの定義より

$$\|AB\| = \max_{\boldsymbol{x} \neq \boldsymbol{0}} \frac{\|AB\boldsymbol{x}\|}{\|\boldsymbol{x}\|} \leq \max_{\boldsymbol{x} \neq \boldsymbol{0}} \frac{\|A\|\|B\boldsymbol{x}\|}{\|\boldsymbol{x}\|} = \|A\| \max_{\boldsymbol{x} \neq \boldsymbol{0}} \frac{\|B\boldsymbol{x}\|}{\|\boldsymbol{x}\|} = \|A\|\|B\|.$$

【評価基準・注意】==========================

- (M2)(M3) が 3 点で，(M4) が 4 点．

- 式変形に間違いがあれば 0 点．例えば，(M3) において $\max_{\boldsymbol{x} \neq \boldsymbol{0}}(\frac{\|A\boldsymbol{x}\|}{\|\boldsymbol{x}\|} + \frac{\|B\boldsymbol{x}\|}{\|\boldsymbol{x}\|}) = \max_{\boldsymbol{x} \neq \boldsymbol{0}} \frac{\|A\boldsymbol{x} + B\boldsymbol{x}\|}{\|\boldsymbol{x}\|}$ などとしているものが対象．この場合は (左辺)≥(右辺) である．

- どの性質を利用したのかを明記していなければ式変形が正しくても 1 点減点．また，単に「ノルムの公理より」と書いているものも同様に 1 点減点．ただ

2.2 行列ノルム

し，「ノルムの公理より $\|A\boldsymbol{x}+B\boldsymbol{x}\| \leq \|A\boldsymbol{x}\|+\|B\boldsymbol{x}\|$ なので」というようにどの性質を使ったのか分かるように書いていれば正解とする．なお，「ノルムの公理」を「ノルムの定理」と書いているものがあった．公理と定理は違うものなので1点減点とした．公理と定理の違いは各自でもう一度調べて確認すること．

- 「ノルムの公理および (M5) より (M2)〜(M4) が成り立つ」というのは説明になっていないので 0 点．すべての過程を説明するべきである．

- (M2) において $\|\alpha A\| = \max_{\boldsymbol{x}\neq \boldsymbol{0}} \frac{\|\alpha A \boldsymbol{x}\|}{\|\alpha \boldsymbol{x}\|}$ としているものは 0 点．α は A に作用しているのであって，$\boldsymbol{x}$ に作用している訳ではないことに注意．

- (M4) において $B \neq 0$ と $B = 0$ の場合で場合分けをしているものも正解としたが，(M1) より $A = 0$ または $B = 0$ のとき (M4) が成立することが分かるので場合分けをする必要はない (このことが分かっていれば)．もし，場合分けをするのなら，A の場合も同様に場合分けをしなければならない．

- (M4) において $\frac{\|(AB)\boldsymbol{x}\|}{\|\boldsymbol{x}\|} = \frac{\|A\boldsymbol{x} B\boldsymbol{x}\|}{\|\boldsymbol{x}\|}$ と書いているものは 0 点．こんなことは成り立たない．同様に，$\frac{\|A\boldsymbol{x}\|\|B\boldsymbol{x}\|}{\|\boldsymbol{x}\|^2} \geq \frac{\|AB\boldsymbol{x}\|}{\|\boldsymbol{x}\|}$ しているものも 0 点．

- (M4) において

  「(M5) より $\|AB\boldsymbol{x}\| \leq \|A\|\|B\|\|\boldsymbol{x}\|$ なので $\|AB\| \leq \max_{\boldsymbol{x}\neq \boldsymbol{0}} \frac{\|A\|\|B\|\|\boldsymbol{x}\|}{\|\boldsymbol{x}\|} = \|A\|\|B\|$」

  としているものも正解とする．

- 何を証明しようとしているのか不明なもの，例えば (M4) において

  「$\|AB\| \leq \max_{\boldsymbol{x}\neq \boldsymbol{0}} \frac{\|A\|\|B\|\|\boldsymbol{x}\|}{\|\boldsymbol{x}\|} = \max_{\boldsymbol{x}\neq \boldsymbol{0}} \|A\|\|B\|$
  $= \max_{\boldsymbol{x}\neq \boldsymbol{0}} \frac{\|A\|}{\|\boldsymbol{x}\|}\frac{\|B\|}{\|\boldsymbol{x}\|} \geq \max_{\boldsymbol{x}\neq \boldsymbol{0}} \frac{\|A\boldsymbol{x}\|}{\|\boldsymbol{x}\|}\frac{\|B\boldsymbol{x}\|}{\|\boldsymbol{x}\|}$」

  と大小関係の違う不等式を使っているものは 0 点．同様に，意味不明なもの「$\|\alpha A\| = \max_{\boldsymbol{x}\neq \boldsymbol{0}} \frac{\|\alpha A\boldsymbol{x}\|}{\|\boldsymbol{x}\|} \iff \|\alpha A\boldsymbol{x}\|$」などと書いてあるものは 0 点．

- (M4) を示すために「(M5) において $\boldsymbol{x} = B$ とおくと」としているものは 0 点．$\boldsymbol{x}$ はベクトルだが B は行列なので，$\boldsymbol{x} = B$ とはできない．また同様に，(M2) を示すために $B = \alpha$ としたり，(M3) を示すためにノルムの公理 (N3) において $\boldsymbol{x} = A, \boldsymbol{y} = B$ としたものも同様に 0 点．x, y, α, A, B はそれぞれベクトルか，行列か，スカラーか正しく意味を考えるべき．したがって，「$\|\alpha A\boldsymbol{x}\|$ は行列ノルムなので」などと書いているものも 0 点となる．$\alpha A\boldsymbol{x}$ はベクトルなので $\|\alpha A\boldsymbol{x}\|$ のノルム $\|\cdot\|$ は行列ノルムではなくベクトルノルムである．

- (M2)(M3) において「$\|(A+B)\boldsymbol{x}\| \leq (\|A\|+\|B\|)\|\boldsymbol{x}\|$ より $\|A+B\| \leq \|A\|+\|B\|$」とか，「$\|AB\boldsymbol{x}\| \leq \|A\|\|B\|\|\boldsymbol{x}\|$ より $\|AB\| \leq \|A\|\|B\|$」としているものは従属ノルムの定義を正しく理解し，利用できているかが判定できないので 1 点減点．

- (M3)(M4) において
  $\|A+B\| = \max_{\boldsymbol{x},\boldsymbol{y}\neq\boldsymbol{0}}(\frac{\|A\boldsymbol{x}\|}{\|\boldsymbol{x}\|} + \frac{\|B\boldsymbol{y}\|}{\|\boldsymbol{y}\|})$, $\|AB\| = \max_{\boldsymbol{x},\boldsymbol{y}\neq\boldsymbol{0}}(\frac{\|A\boldsymbol{x}\|}{\|\boldsymbol{x}\|} \cdot \frac{\|B\boldsymbol{y}\|}{\|\boldsymbol{y}\|})$
  などとしているものは 0 点. このようなことは成り立たない. 定義を正しく理解していないものと思われる. 同様に, (M2) において $\|\alpha A\| = \max_{\boldsymbol{x}\neq\boldsymbol{0}}\frac{\|A\alpha\boldsymbol{x}\|}{\|\alpha\boldsymbol{x}\|}$ としているものも 0 点.

- (M3) の証明でシュワルツの不等式を使っているものは 0 点. シュワルツの不等式を使っても (M3) を証明することはできない.

===
■■■ 演習問題 ■■■■■■■■■■■■■■■■■■■■■■■■

演習問題 2.14 正方行列 A に対して,

$$\|A\|_2 \leq \sqrt{\|A\|_1 \|A\|_\infty}$$

を示せ.

演習問題 2.15 n 次正方行列 A の従属ノルムは (M1) と (M5) を満たすことを示せ.

線形写像による誤差

問題 2.10. $A = \begin{bmatrix} 1 & 2 & 3 \\ 2 & 3 & 4 \end{bmatrix}$ とし，$y = Ax$ を考える．このとき，次の問に答えよ．

(1) $\|A\|_\infty, \|A\|_1$ を求めよ．(4 点)

(2) 入力に加わった誤差 Δx が $\|\Delta x\|_\infty \leq \varepsilon$ のとき，その出力への伝搬 Δy の ∞-ノルムを評価せよ．(3 点)

(3) $\|\Delta y\|_\infty \leq 10^{-3}$ を保証するためには ε をどの程度に抑えるべきか? (3 点)

(解答) (1) $\|A\|_\infty = \max(1+2+3, 2+3+4) = \max(6, 9) = 9$, $\|A\|_1 = \max(1+2, 2+3, 3+4) = \max(3, 5, 7) = 7$.

(2) $\|\Delta y\|_\infty = \|A(x+\Delta x) - Ax\|_\infty = \|A \cdot \Delta x\|_\infty \leq \|A\|_\infty \|\Delta x\|_\infty \leq 9\varepsilon$.

(3) $9\varepsilon = 10^{-3}$ より，$\varepsilon = \frac{1}{9000} \geq 0.00011$ なので，$\varepsilon \leq 0.00011$ 程度に抑えればよい．

【評価基準・注意】================================

- (1) は各 2 点で，答えだけのものは 1 点減点．(3) において答えしか書いていないものは 0 点．

- (3) において「ε を $\frac{10^{-3}}{9}$ 以下にすればよい」も正解とするが，できるだけ見やすい形に直すべきである．

- (3) において「10^{-4} 程度」というのも正解とする．

- (2) において，いきなり $\|\Delta y\|_\infty \leq \|A\|_\infty \|\Delta x\|_\infty$ と書いているものは $\Delta y = A(x + \Delta x) - Ax$ を理解しているか判定できないので 1 点減点．

- 説明を最後まで書いていないものは 1 点減点．例えば，(3) で「$\varepsilon = 10^{-4}$ とすると，$\|\Delta y\| \leq 9\varepsilon = 0.9 \times 10^{-3}$」としているものが対象．正しくは，「$\varepsilon = 10^{-4}$ とすると，$\|\Delta y\| \leq 9\varepsilon = 0.9 \times 10^{-3}$ なので，$\varepsilon = 10^{-4}$ とすればよい」と書くべきである．

- 出題が「どの程度に抑えるべきか?」と出題されている場合は，「0.00011 程度」と答えればよいが，「いくら以下に抑えるべきか?」と問われた場合は，必ず $\frac{1}{9000}$ 以下の数を書かなくてはならない．今回は，たまたま $\frac{1}{9000} = 0.0001111... \geq 0.00011$ なので気にしなくてもよかったが，定期試験では注意すること．

================================

■■■ 演習問題 ■■■■■■■■■■■■■■■■■■■■■■■■

演習問題 2.16 $A = \begin{bmatrix} 100 & 2 & 1 \\ 4 & 3 & 100 \end{bmatrix}$ とし，$y = Ax$ を考える．このとき，次の問に答えよ．

(1) $\|A\|_\infty, \|A\|_1$ を求めよ．

(2) 入力に加わった誤差 Δx が $\|\Delta x\|_\infty \leq \varepsilon$ のとき，その出力への伝搬 Δy の 1-ノルムを評価せよ．

(3) $\|\Delta y\|_1 \leq 10^{-3}$ を保証するためには ε をどの程度に抑えるべきか？

直交変換とノルム

問題 2.11. 写像 $f: \mathbb{R}^n \to \mathbb{R}^n$ は，$\forall \boldsymbol{x}, \boldsymbol{y} \in \mathbb{R}^n$ および $\mathbb{R}^n$ 上の内積 $(\cdot, \cdot)$ に対して，$(f(\boldsymbol{x}), f(\boldsymbol{y})) = (\boldsymbol{x}, \boldsymbol{y})$ を満たすとする．このとき，f を $\mathbb{R}^n$ 上の**直交変換**という．このとき，次のことを示せ．
(1) 直交変換は 2-ノルムを変えない．(3 点)
(2) 直交行列およびそれに 0 でないスカラーを掛けた行列は，2-ノルムに関する条件数が 1 である．(5 点)

(解答) (1) 直交変換の定義より，$\forall \boldsymbol{x} \in \mathbb{R}^n$ に対して，

$$\|f(\boldsymbol{x})\|_2^2 = (f(\boldsymbol{x}), f(\boldsymbol{x})) = (\boldsymbol{x}, \boldsymbol{x}) = \|\boldsymbol{x}\|_2^2$$

が成立する．これは，直交変換は 2-ノルムを変えないことを意味する．

(2) スカラーが正の場合を考えれば十分である．そこで，A を直交行列とし，α を正のスカラーとすると，$A^t A = A A^t = I$ より $(\alpha A)(\alpha A)^t = \alpha^2 A A^t = \alpha^2 I$ なので，$(\alpha A)(\alpha A)^t$ の固有値は α^2．よって，$\|\alpha A\|_2 = \alpha$．また，$A^{-1} = A^t$ なので，$(\alpha A)^{-1} = \frac{1}{\alpha} A^{-1} = \frac{1}{\alpha} A^t$．したがって，

$$(\alpha A)^{-1}((\alpha A)^{-1})^t = (\frac{1}{\alpha} A^t)(\frac{1}{\alpha} A^t)^t = \frac{1}{\alpha^2} A^t A = \frac{1}{\alpha^2} I.$$

ゆえに，$(\alpha A)^{-1}((\alpha A)^{-1})^t$ の固有値は $\frac{1}{\alpha^2}$ となるので $\|(\alpha A)^{-1}\|_2 = \frac{1}{\alpha}$．よって，$\mathrm{cond}_2(\alpha A) = \|\alpha A\|_2 \|(\alpha A)^{-1}\|_2 = \alpha \frac{1}{\alpha} = 1$．

【評価基準・注意】==========================

- 固有値を求めるために $|\alpha^2 A A^t - \lambda I| = |\alpha^2 - \lambda I| = 0$ を解いたものも正解とする．ただし，2×2 行列のように $\begin{vmatrix} \alpha^2 - \lambda & 0 \\ 0 & \alpha^2 - \lambda \end{vmatrix} = 0$ のように書いているものは 2 点減点．A は $n \times n$ 行列であることに注意．

- $\|\boldsymbol{x}\|_2$ を考えるのにベクトル $\boldsymbol{x}$ の固有値を考えようとしているものは 0 点．行列ノルムとベクトルノルムでは定義が違う．

- $(f(\boldsymbol{x}), f(\boldsymbol{y})) = (\boldsymbol{x}, \boldsymbol{y})$ を定義に基づき，具体的に書き下しているものは 0 点．定義を具体的に書き下しただけでは意味がない．

- $(\boldsymbol{x}, \boldsymbol{y})$ や $(f(\boldsymbol{x}), f(\boldsymbol{y}))$ といったものを考えているものは 0 点．2 つのベクトルの内積を計算しても任意のベクトルの大きさ (ノルム) は測れない．また，$\|(f(\boldsymbol{x}), f(\boldsymbol{y}))\|_2$ という表記は数学的には (特別な場合を除いて) おかしい．なぜなら，$(f(\boldsymbol{x}), f(\boldsymbol{y}))$ はベクトルではなくスカラーである．

- (2) において考え方および結果が合っていれば，計算ミスがあっても 3 点．例えば，$|\alpha A^t A - \lambda I| = 0$ を解いたものなどが対象．また，解答のようにスカラー倍したものを考えていれば 5 点だが，直交行列の場合のみを考えているものは 2 点．

- (2) においていきなり「直交変換は 2-ノルムを変えないから」と書いているものは理解度が判定できないから 0 点．特に，(1) が解けていない場合は，理解できているとは考えられない．

- (1) において直交行列で示そうとしているものは 0 点．ここでは，問題の通り，直交変換で示すべきである．

===
■■■ **演習問題** ■■■■■■■■■■■■■■■■■■■■

演習問題 2.17 n 次実正方行列 A で定義される線形変換

$$f_A(\boldsymbol{x}) = A\boldsymbol{x}, \quad \boldsymbol{x} \in \mathbb{R}^n$$

が直交変換であるための必要十分条件は A が直交行列であることを示せ．

第3章

非線形方程式

Section 3.1
反復法と縮小写像の原理

―― 反復法 ――

定義 3.1. 非線形方程式
$$f(x) = 0 \tag{3.1}$$
を考える．ただし，$f : \mathbb{R} \to \mathbb{R}$ とする．

これを数値的に解くには，適当な初期値 x_0 から出発して (3.1) の解 α に収束するような列 $\{x_n\}$ を作り，x_n が α に十分近づいたときに計算を打ち切って x_n を近似解とする．このような方法を**反復法**または**逐次反復法**という．

通常，列 $\{x_n\}$ を作るには (3.1) を

$$x = g(x) \tag{3.2}$$

と同値変形し，x_0 を適当に与えて

$$x_{n+1} = g(x_n) \quad (n = 0, 1, 2, \cdots) \tag{3.3}$$

とする．

―― 反復関数, 不動点反復 ――

定義 3.2. $g(x)$ を **反復関数**, (3.3) を **不動点反復**, (3.2) を満たす x を **不動点** と呼ぶ.

不動点反復の収束判定は, 通常, 次のいずれかで行う.
(a) $|x_{n+1} - x_n| < \varepsilon$ (b) $\dfrac{|x_{n+1} - x_n|}{|x_n|} < \varepsilon$ (c) $|f(x_n)| < \varepsilon$

―― 縮小写像の原理 ――

定理 3.1. 閉区間 I 上で定義された関数 $g(x)$ が

$$(1)\ x \in I \implies g(x) \in I$$
$$(2)\ x, y \in I \implies |g(x) - g(y)| \leq L|x - y| \qquad (3.4)$$
$$(3)\ 0 \leq L < 1$$

を満たすとき, (3.2) の解 α は, I においてただ 1 つ存在し, それは (3.3) の極限として得られる. (1)~(3) を満たす関数 g を **縮小写像** という. また, (3.4) を **リプシッツ条件** といい, L を **リプシッツ定数** という.

―― 縮小写像の原理の系 ――

系 3.1. 関数 g が閉区間 I 上で微分可能で

$$|g'(x)| \leq L \qquad (x \in I) \qquad (3.5)$$

ならば g はリプシッツ条件 (3.4) を満たし, リプシッツ定数は L である.

―― 縮小写像の原理の系 ――

系 3.2. $\alpha = g(\alpha)$ とし, $I = [\alpha - d, \alpha + d](d > 0)$ とする. I において g が定理 3.1 の (2)(3) を満たすならば, 定理 3.1 の (1) が成り立つ.

―― 縮小写像の原理の系 ――

系 3.3. $\alpha = g(\alpha)$ とし，$I = [\alpha - d, \alpha + d](d > 0)$ とする．このとき，

$$\max_{x \in I} |g'(x)| \leq L < 1 \tag{3.6}$$

が成り立てば，$x = g(x)$ の解 α は I においてただ 1 つ存在し，それは (3.3) の極限として得られる．

―――― **縮小写像の原理** ――――

問題 3.1． $f(x) = x^2 - 3x + 2$ とする．このとき，次の問に答えよ．
(1) $f(x) = 0$ を $x = g(x)$ の形に書き直し，$x_{n+1} = g(x_n)$ が収束するための十分条件を求めよ．(5 点)
(2) (1) で求めた十分条件をもとに，$x_{n+1} = g(x_n)$ が収束するための区間を定め，その区間から適当に初期値 x_0 を選び x_1, x_2, x_3 を計算せよ．ただし，初期値は $f(x) = 0$ を満たす x 以外から選ぶこと．(8 点)

(解答)

(1) $x^2 - 3x + 2 = 0$ より $x = \frac{1}{3}(x^2 + 2)$ である．ここで $g(x) = \frac{1}{3}(x^2 + 2)$ とすると $g(x)$ は $(-\infty, \infty)$ において C^1 級であり $g'(x) = \frac{2}{3}x$ である．よって，縮小写像の原理より $x_{n+1} = g(x_n)$ が収束するための十分条件は $x = g(x)$ となる $x = \alpha$ を含む閉区間 I において $\max_{x \in I} |g'(x)| = |\frac{2}{3}x| < 1$ となることである．

(2) $|\frac{2}{3}x| < 1$ より $|x| < \frac{3}{2}$ なので十分小さな $\varepsilon > 0$ に対し，$I = [-\frac{3}{2} + \varepsilon, \frac{3}{2} - \varepsilon]$ とすると，$x_{n+1} = g(x_n)$ は I において収束する．

$x_0 = \frac{1}{2}$ とすると，$x_1 = g(x_0) = \frac{1}{3}(\frac{1}{4} + 2) = \frac{3}{4}$，$x_2 = g(x_1) = \frac{1}{3}(\frac{9}{16} + 2) = \frac{41}{48}$，$x_3 = g(x_2) = \frac{1}{3}(\frac{41^2}{48^2} + 2) = \frac{6289}{6912}$ となる．(これより，x_n は $x = 1$ に近づくことが分かる．)

【評価基準・注意】============================

- 基本的な考え方が合っていれば，(1) においては 2 点，(2) においては 4 点を保証する．ここで，基本的な考え方とは，(1) では $|g'(x)| < 1$ を満たすことを，(2) では収束する区間および x_0 を具体的に設定し $x_n (n = 1, 2, 3)$ を求める作業のことを指す．ただし，具体的に $g(x)$ を定めていなければ (1)(2) ともに 0 点．

- (2) において区間を $I = (-\frac{3}{2}, \frac{3}{2})$ や $I = (-1, 1)$ などとしているものは 2 点減点．I としては閉区間を選ばなくてはならない．また，収束条件を満たさない区間を選んでいるものは 4 点以上減点．($g(x)$ の決め方にもよるが) 例えば，$[-\frac{3}{2}, \frac{3}{2}]$ や $[0, 10]$ といったものが対象．

- (1) において $g'(x)$ を具体的に求めていないものは 2 点減点．

- $|x_{n+1} - x_n| < \delta$ や $|f(x_n)| < \varepsilon$ を考えているものがあったが，これは収束するための十分条件ではなく収束判定条件である．収束判定条件はユーザが設定するものだが，十分条件は数学的に導かれるものである．

- $x = g(x)$ として, $x = \sqrt{3x-2}$, $x = 3 - \frac{2}{x}$, $x = x^2 - 2x + 2$ などを選んでもよい. 例えば, $x = g(x) = 3 - \frac{2}{x}$ とすると, $x_{n+1} = g(x_n)$ が収束するための区間は $|g'(x)| = |\frac{2}{x^2}| < 1$ より, 十分小さな $\varepsilon > 0$ および十分大きな $M > 0$ に対して $I = [\sqrt{2} + \varepsilon, M]$ または $I = [-M, -\sqrt{2} - \varepsilon]$ である. このとき, $x_0 = 3$ とすると, $x_1 = g(x_0) = 3 - \frac{2}{3} = \frac{7}{3}$, $x_2 = g(x_1) = 3 - \frac{3}{7} \times 2 = \frac{15}{7}$, $x_3 = g(x_2) = 3 - \frac{7}{15} \times 2 = \frac{31}{15}$ となり, x_n は $x = 2$ に近づいていく.

- 「$g(x)$ が α に収束するとき」という仮定をおいているものは 0 点. 収束するための十分条件を導くのが問題なので収束を仮定してはいけない.

━━━━━━━━━━━━━━━━━━━━━━━━━━━━━━━━
■■■ **演習問題** ■■■■■■■■■■■■■■■■■■■■■■■■■

演習問題 3.1 $f(x) = e^x - x^2$ を閉区間 $I = [-1, 0]$ で考える. このとき, 次の問に答えよ.

(1) I において $f(x) = 0$ の解が存在することを示せ. (4 点)

(ヒント) 中間値の定理を使う.

(2) 次のように変形した反復法で $f(x) = 0$ の解を求めるとき, 反復関数 $g_1(x)$ と $g_2(x)$ を考える. このとき, どの反復関数を利用するのが適切であるといえるか? あるいは両方とも不適切か? 理由を述べて答えよ. ただし, 反復の初期値は I の任意の点とする. (8 点)

$$g_1(x) = \sqrt{e^x}, \qquad g_2(x) = e^x - x^2 + x$$

───── 中間値の定理 ─────

関数 $f(x)$ は閉区間 $[a, b]$ で連続とし, $f(a) \neq f(b)$ とする. このとき $f(a)$ と $f(b)$ の間の任意の数 k に対して $f(c) = k$ となる $c(a < c < b)$ が存在する.

Section 3.2
ニュートン法

―― ニュートン法 ――

定義 3.3. 関数 $f(x)$ は
$$f(x) = 0 \tag{3.7}$$
の解 α の近くで C^2 級とする．このとき，(3.7) に対する**ニュートン法**（または**ニュートン反復列**）は次のようになる．
$$x_{n+1} = x_n - \frac{f(x_n)}{f'(x_n)}, \qquad n = 0, 1, 2, \cdots \tag{3.8}$$

n 元連立非線形方程式を
$$\boldsymbol{f}(\boldsymbol{x}) = \boldsymbol{0} \tag{3.9}$$
とするとき (3.9) に対するニュートン法は
$$\boldsymbol{x}_{n+1} = \boldsymbol{x}_n - [J(\boldsymbol{x}_n)]^{-1}\boldsymbol{f}(\boldsymbol{x}_n), \qquad n = 0, 1, 2, \cdots \tag{3.10}$$
となる．ここで，$J(\boldsymbol{x})$ は $\boldsymbol{x}$ におけるヤコビ行列である．

なお，コンピュータで実際に $\boldsymbol{x}_{n+1}$ を求めるときには連立 1 次方程式
$$J(\boldsymbol{x}_n)\boldsymbol{x}_{n+1} = J(\boldsymbol{x}_n)\boldsymbol{x}_n - \boldsymbol{f}(\boldsymbol{x}_n)$$
をガウス消去法や LU 分解を使って解く．

収束の速さ

定義 3.4. α に収束する反復列 $\{x_n\}$ が，

$$(x_{n+1} - \alpha) = (A + \varepsilon_n)(x_n - \alpha), \ |A| < 1, \ \lim_{n \to \infty} \varepsilon_n = 0 \quad (3.11)$$

を満たすとき，$\{x_n\}$ は α に**線形収束**するという．また，

$$|x_{n+1} - \alpha| \leq M|x_n - \alpha|^p, \ (p > 1, 0 < M < \infty) \quad (3.12)$$

のとき，$\{x_n\}$ は **p 次収束**であるという．

(3.7) の解 $x = \alpha$ が単根のとき，これに対するニュートン法は 2 次収束する．また，$x = \alpha$ が m 重根のとき，m は次式で推定できる．

$$m \approx \frac{x_{k-1} - x_k}{x_{k-1} - 2x_k + x_{k+1}}, \qquad (k = 1, 2, \ldots) \quad (3.13)$$

―――― **ニュートン法（その1）** ――――

問題 3.2. $f(x) = x^3 - 3x + 2$ とする．このとき，次の問に答えよ．
(1) $f(x) = 0$ に対するニュートン法を書け．(3点)
(2) 初期値を $x_0 = 1.2$ とするとき，(1) で作ったニュートン反復列は収束すると予想される．なぜか? 理由を述べて答えよ．(4点)
(3) 初期値を $x_0 = 1.2$ とするとき，ニュートン法により $f(x) = 0$ の解 $x = \alpha$ の近似解 $\hat{\alpha}$ を求めよ．ただし，収束判定条件を $|x_{k+1} - x_k| < 0.01$ とし，最終結果は小数点以下第4位まで切り捨てで求めよ．(6点)
(4) (3) の結果に基づき，解 α の重複度を推定せよ．ただし，最終結果は小数点以下第4位まで切り捨てで求めよ．(3点)

(解答)
(1) $f'(x) = 3x^2 - 3$ なので，ニュートン法は

$$x_{n+1} = x_n - \frac{f(x_n)}{f'(x_n)} = x_n - \frac{x_n^3 - 3x_n + 2}{3x_n^2 - 3} = \frac{2(x_n^2 + x_n + 1)}{3(x_n + 1)}$$

となる．

(2) $g(x) = \frac{2(x^2+x+1)}{3(x+1)}$ とすると，$g'(x) = \frac{2}{3(x+1)^2}\{(2x+1)(x+1) - (x^2+x+1)\} = \frac{2}{3}\frac{x(x+2)}{(x+1)^2}$ であり，$g'(1.2) = \frac{2}{3}\frac{1.2(1.2+2)}{(1.2+1)^2} = 0.5289... < 1$ なので縮小写像の原理よりニュートン法は収束すると予想される．

(3) $x_0 = 1.2$ より $x_1 = g(x_0) = \frac{2(x_0^2+x_0+1)}{3(x_0+1)} \approx 1.1030$ となる．以下同様にすると，$x_2 \approx g(1.1030) \approx 1.0523$, $x_3 \approx g(1.0523) \approx 1.0263$, $x_4 \approx g(1.0263) \approx 1.0132$, $x_5 \approx g(1.0132) \approx 1.0066$ であり，$|x_4 - x_3| = 0.0131 > 0.01$, $|x_5 - x_4| = 0.0066 < 0.01$ なので，求める近似解 $\hat{\alpha}$ は $\hat{\alpha} = x_5 = 1.0066$.

(4) 重複度を m とすると，m は，$m \approx \frac{x_{k-1} - x_k}{x_{k-1} - 2x_k + x_{k+1}}$ と推定されるので

$$m \approx \frac{x_3 - x_4}{x_3 - 2x_4 + x_5} = \frac{1.0263 - 1.0132}{1.0263 - 2 \times 1.0132 + 1.0066} \approx 2.0153$$

と推定される．

3.2 ニュートン法

【評価基準・注意】 ==============================

- (2) において $|g'(x)| > 1$ を満たす x の範囲を求めているものは 0 点．$|g'(x)| < 1$ を満たす x の範囲を求めるべきである．

- (4) において，$x_6 \approx g(1.0066) \approx 1.0033$ を求め，$m \approx \frac{x_4-x_5}{x_4-2x_5+x_6} = \frac{1.0132-1.0066}{1.0132-2\times1.0066+1.0033} = \frac{0.0066}{0.0033} = 2$ としているものも正解とする．

- (2) において「$|g'(x)| < 1$ より $I = (-\infty, \infty)$ で収束する」と書いているものは 2 点減点．実際，$|g'(x)| < 1$ より，$x > \frac{-5+\sqrt{10}}{5}$, $x < \frac{-5-\sqrt{10}}{5}$ のとき収束することが分かることに注意．例えば，$|g'(-0.6)| = 3.5$ となる．

- (2) において $\{x_n\}$ の有界単調性を利用して示しているものは任意の n に対して「$\alpha \leq x_n \leq x_{n-1} \leq \cdots \leq x_0$」を示していれば正解とする．ここで，$\alpha$ は定数である．ただし，途中の計算過程や結論までの説明が不十分なものは 2 点減点．

- (3)(4) において小数点以下第 4 位まで求めていないものや計算ミスは考え方が合っていれば，それぞれ，3 点，1 点ずつ減点．

- (4) において $e_k = x_k - \alpha$ を利用したものは 2 点減点．実際の計算では α は分からないので e_k を利用することはできない．

- (2) において $g(x_1), g(x_2), \cdots$, を求めて「$g(x_n)$ が 1 に収束していくから」としているものは 0 点．これは数学的な説明ではなく単なる直観である．

- いきなり式だけを書いて何の計算をしているのかを説明していないものは答えが合っていても 1～4 点減点．

===
■■■ **演習問題** ■■■■■■■■■■■■■■■■■■■■■■■■■■■■

演習問題 3.2 問題 3.2 と同じく $f(x) = x^3 - 3x + 2$ を考えるとき，次の問に答えよ．
(1) 初期値を $x_0 = -3$ とするとき，ニュートン法により $f(x) = 0$ の解 $x = \alpha$ の近似解 $\hat{\alpha}$ を求めよ．ただし，収束判定条件を $|x_{k+1} - x_k| < 0.01$ とし，最終結果は小数点以下第 4 位まで切り捨てで求めよ．(6 点)
(2) (1) の結果に基づき，解 α の重複度を推定せよ．ただし，最終結果は小数点以下第 4 位まで切り捨てで求めよ．(3 点)

演習問題 3.3 $f(x) = x^3 - 5x^2 + 3x + 9$ とする．このとき，次の問に答えよ．(20 点)
(1) $f(x) = 0$ に対するニュートン法を書け．(4 点)
(2) 初期値を $x_0 = 2.5$ とするとき，(1) で作ったニュートン法は収束すると予想されるか？理由を述べて答えよ．(4 点)
(3) 初期値を $x_0 = 3.5$ とするとき，ニュートン法により $f(x) = 0$ の解 $x = \alpha$ の近似解 $\hat{\alpha}$ を求めよ．ただし，収束判定条件を $|x_{k+1} - x_k| < 0.01$ とし，各ステップの結果は小数点以下第 5 位まで四捨五入で求めよ．(8 点)
(4) (3) の結果に基づき，解 α の重複度を推定せよ．ただし，最終結果は小数点以下第 5 位まで四捨五入で求めよ．(4 点)

ニュートン法（その2）

問題 3.3． 非線形方程式

$$f(x) = \begin{bmatrix} f_1(x_1, x_2) \\ f_2(x_1, x_2) \end{bmatrix} = \begin{bmatrix} x_1^2 + x_2^3 - 12 \\ x_1^3 + \frac{1}{2}x_2^2 - 10 \end{bmatrix} = \begin{bmatrix} 0 \\ 0 \end{bmatrix} = 0$$

を考える．このとき，次の問に答えよ．
(1) $f(x) = 0$ に対するニュートン法を書け．(5点)
(2) 初期値を $x^{(0)} = [1,1]^t$ とするとき，(1)で求めたニュートン反復列を使って $x^{(1)}$ を求めよ．(5点)

（解答）
(1)
$f(x)$ に対するヤコビ行列 $J(x)$ は

$$J(x) = \begin{bmatrix} \frac{\partial f_1(x)}{\partial x_1} & \frac{\partial f_1(x)}{\partial x_2} \\ \frac{\partial f_2(x)}{\partial x_1} & \frac{\partial f_2(x)}{\partial x_2} \end{bmatrix} = \begin{bmatrix} 2x_1 & 3x_2^2 \\ 3x_1^2 & x_2 \end{bmatrix}$$

なので，$J(x)$ の行列式が0でない（つまり $J(x)$ が正則）ならば，

$$[J(x)]^{-1} = \frac{1}{2x_1 x_2 - 9x_1^2} \begin{bmatrix} x_2 & -3x_2^2 \\ -3x_1^2 & 2x_1 \end{bmatrix}$$

である．

よって，求めるニュートン反復列は，$x^{(n+1)} = x^{(n)} - [J(x^{(n)})]^{-1} f(x^{(n)})$ より

$$\begin{bmatrix} x_1^{(n+1)} \\ x_2^{(n+1)} \end{bmatrix} = \begin{bmatrix} x_1^{(n)} \\ x_2^{(n)} \end{bmatrix}$$

$$- \frac{1}{2x_1^{(n)} x_2^{(n)} - 9(x_1^{(n)})^2} \begin{bmatrix} x_2^{(n)} & -3(x_2^{(n)})^2 \\ -3(x_1^{(n)})^2 & 2x_1^{(n)} \end{bmatrix} \begin{bmatrix} (x_1^{(n)})^2 + (x_2^{(n)})^3 - 12 \\ (x_1^{(n)})^3 + \frac{1}{2}(x_2^{(n)})^2 - 10 \end{bmatrix}$$

となる．

(2)
$$\begin{aligned}\boldsymbol{x}^{(1)} &= \boldsymbol{x}^{(0)} - [J(\boldsymbol{x}^{(0)})]^{-1}\boldsymbol{f}(\boldsymbol{x}^{(0)}) \\ &= \begin{bmatrix}1\\1\end{bmatrix} + \frac{1}{7}\begin{bmatrix}1 & -3\\-3 & 2\end{bmatrix}\begin{bmatrix}-10\\-\frac{17}{2}\end{bmatrix} = \begin{bmatrix}1\\1\end{bmatrix} + \begin{bmatrix}\frac{31}{14}\\\frac{13}{7}\end{bmatrix} = \begin{bmatrix}\frac{45}{14}\\\frac{20}{7}\end{bmatrix}.\end{aligned}$$

【評価基準・注意】════════════════════

- (1) で具体的に逆行列を求めていないものも正解とするが，2 次正方行列のときは逆行列を具体的に求めておくのが通例なので採点者によっては減点対象となる可能性があるので注意すること．

- (1) で「ニュートン反復列は」というのを「ニュートン法は」と書いていても正解であるが，「ニュートン補間は」と違うことを書いていれば式が合っていても 1 点減点．

- (1) で正則性に触れていなくても正解とするが，触れていなければ減点対象となる場合があるので注意すること．

- (2) は単なる計算なので計算ミスがある場合は 0 点．また，(1) で右辺が (n) となるべきところを (0) としてたり (n) がなかったりしているものは反復法になっていないので 0 点．

- (1)(2) いずれの場合も途中で解答を止めているものは 0 点．

- $J(\boldsymbol{x}^{(n)})$ を $J(\boldsymbol{x}^{(0)})$ としたものは「擬ニュートン法」と呼ばれているもので反復法にはなっている．しかし，これは本来のニュートン法ではないので 2 点減点とする．

- プログラムを作成する場合は，$[J(\boldsymbol{x})]^{-1}$ を計算するのではなく
$$J(\boldsymbol{x}^{(n)})\boldsymbol{x}^{(n+1)} = J(\boldsymbol{x}^{(n)})\boldsymbol{x}^{(n)} - \boldsymbol{f}(\boldsymbol{x}^{(n)})$$
をガウス消去法や LU 分解を使って解くこと．

════════════════════════════════
■■■ 演習問題 ■■■■■■■■■■■■■■■■■■■■■■

演習問題 3.4 非線形方程式
$$\boldsymbol{f}(\boldsymbol{x}) = \begin{bmatrix}f_1(x,y)\\f_2(x,y)\end{bmatrix} = \begin{bmatrix}x^2 - y^2 - x + 4\\xy - 2x - 3y + 6\end{bmatrix} = \begin{bmatrix}0\\0\end{bmatrix} = \boldsymbol{0}$$
を考える．このとき，次の問に答えよ．
 (1) $\boldsymbol{f}(\boldsymbol{x}) = \boldsymbol{0}$ に対するニュートン法を書け．
 (2) 初期値を $\boldsymbol{x}_0 = [1,1]^t$ とするとき，(1) で求めたニュートン反復列を使って $\boldsymbol{x}_1$ を求めよ．

第4章
連立1次方程式の解法

Section 4.1
ガウス消去法

次の 3 元連立 1 次方程式を使って具体的にガウス消去法の手順を説明する．

$$\begin{array}{rcl} 3x_1 + x_2 + 2x_3 &=& 13 \\ 5x_1 + x_2 + 3x_3 &=& 20 \\ 4x_1 + 2x_2 + x_3 &=& 13 \end{array} \quad (4.1)$$

この式を $\begin{bmatrix} 3 & 1 & 2 \\ 5 & 1 & 3 \\ 4 & 2 & 1 \end{bmatrix} \begin{bmatrix} x_1 \\ x_2 \\ x_3 \end{bmatrix} = \begin{bmatrix} 13 \\ 20 \\ 13 \end{bmatrix}$ と書き，行列の要素を $a_{ij}(1 \leq i, j \leq 3)$，ベクトルの要素を $b_i(1 \leq i \leq 3)$ と書くことにする．

そして，次の手順で (4.1) を機械的に解いていく方法が**ガウス消去法**である．

(1) 第 1 列の 2 行目と 3 行目を 0 にする 具体的には，(4.1) において「第 1 行 × $-\frac{5}{3}$ + 第 2 行」，「第 1 行 × $-\frac{4}{3}$ + 第 3 行」とする．ここで，$-\frac{5}{3} = -\frac{a_{21}}{a_{11}}$，$-\frac{4}{3} = -\frac{a_{31}}{a_{11}}$ となっていることに注意．

$$\begin{bmatrix} 3 & 1 & 2 \\ 0 & -\frac{2}{3} & -\frac{1}{3} \\ 0 & \frac{2}{3} & -\frac{5}{3} \end{bmatrix} \begin{bmatrix} x_1 \\ x_2 \\ x_3 \end{bmatrix} = \begin{bmatrix} 13 \\ -\frac{5}{3} \\ -\frac{13}{3} \end{bmatrix} \quad (4.2)$$

(2) 第2列の3行目を0にする 具体的には，(4.2) において「第2行×1+第3行」とする．ここで，$1 = -\frac{a_{32}}{a_{22}}$ であることに注意．

$$\begin{bmatrix} 3 & 1 & 2 \\ 0 & -\frac{2}{3} & -\frac{1}{3} \\ 0 & 0 & -2 \end{bmatrix} \begin{bmatrix} x_1 \\ x_2 \\ x_3 \end{bmatrix} = \begin{bmatrix} 13 \\ -\frac{5}{3} \\ -6 \end{bmatrix}$$

ここまでの手順を前進消去と呼ぶ．

(3) x_3, x_2, x_1 の順に代入して答えを求める

$$\begin{aligned} x_3 &= \frac{b_3}{a_{33}} = \frac{-6}{-2} = 3 \\ x_2 &= \frac{1}{a_{22}}(b_2 - a_{23}x_3) = -\frac{3}{2}\left(-\frac{5}{3} + \frac{1}{3} \times 3\right) = 1 \\ x_1 &= \frac{1}{a_{11}}(b_1 - a_{12}x_2 - a_{13}x_3) = \frac{1}{3}(13 - 1 \times 1 - 2 \times 3) = 2. \end{aligned}$$

この手順を後退代入という．

上記の手順を n 元連立1次方程式

$$\begin{bmatrix} a_{11} & a_{12} & \cdots & a_{1n} \\ a_{21} & a_{22} & \cdots & a_{2n} \\ \vdots & \vdots & \cdots & \vdots \\ a_{n1} & a_{n2} & \cdots & a_{nn} \end{bmatrix} \begin{bmatrix} x_1 \\ x_2 \\ \vdots \\ x_n \end{bmatrix} = \begin{bmatrix} b_1 \\ b_2 \\ \vdots \\ b_n \end{bmatrix}$$

に拡張して，C言語風に書くと次のようになる．

4.1 ガウス消去法

───── ガウス消去法のアルゴリズム ─────

```
/* 前進消去 */
```
行列 A とベクトル b の入力
For $k = 1, 2, \cdots, n-1$
  For $i = k+1, k+2, \cdots, n$
    $\alpha \leftarrow -\dfrac{a_{ik}}{a_{kk}}$
    For $j = k+1, k+2, \cdots, n$
      $a_{ij} \leftarrow a_{ij} + \alpha a_{kj}$
    end for
    $b_i \leftarrow b_i + \alpha b_k$
  end for
end for
```
/* 後退代入 */
```
For $k = n, n-1, \cdots, 1$
  $b_k \leftarrow \dfrac{b_k - \sum_{j=k+1}^{n} a_{kj} b_j}{a_{kk}}$
end for
b を出力   `/* 答えは b に上書き */`

なお，この手順のことを**単純ガウス消去法**と呼ぶこともある．

―――― 単純ガウス消去法 ――――

問題 4.1. 次の連立 1 次方程式の解を (単純) ガウス消去法で求めよ．
(8 点)

$$2x_1 - x_2 + x_3 = 0$$
$$-x_1 + 2x_2 - x_3 = 1$$
$$2x_1 - 2x_2 - x_3 = -3.$$

(解答) 与式を $\begin{bmatrix} 2 & -1 & 1 \\ -1 & 2 & -1 \\ 2 & -2 & -1 \end{bmatrix} \begin{bmatrix} x_1 \\ x_2 \\ x_3 \end{bmatrix} = \begin{bmatrix} 0 \\ 1 \\ -3 \end{bmatrix}$ と書く．

(前進消去)

(第 1 段) 第 1 行 $\times \frac{1}{2}$ + 第 2 行, 第 1 行 $\times -1$ + 第 3 行

$$\begin{bmatrix} 2 & -1 & 1 \\ 0 & \frac{3}{2} & -\frac{1}{2} \\ 0 & -1 & -2 \end{bmatrix} \begin{bmatrix} x_1 \\ x_2 \\ x_3 \end{bmatrix} = \begin{bmatrix} 0 \\ 1 \\ -3 \end{bmatrix}$$

(第 2 段) 第 2 行 $\times \frac{2}{3}$ + 第 3 行

$$\begin{bmatrix} 2 & -1 & 1 \\ 0 & \frac{3}{2} & -\frac{1}{2} \\ 0 & 0 & -\frac{7}{3} \end{bmatrix} \begin{bmatrix} x_1 \\ x_2 \\ x_3 \end{bmatrix} = \begin{bmatrix} 0 \\ 1 \\ -\frac{7}{3} \end{bmatrix}$$

(後退代入)

$$x_3 = \frac{b_3}{a_{33}} = \frac{-\frac{7}{3}}{-\frac{7}{3}} = 1, \qquad x_2 = \frac{1}{a_{22}}(b_2 - a_{23}x_3) = \frac{2}{3}\left(1 + \frac{1}{2}\right) = 1$$

$$x_1 = \frac{1}{a_{11}}(b_1 - a_{12}x_2 - a_{13}x_3) = \frac{1}{2}(-1 + 1) = 0.$$

4.1 ガウス消去法

【評価基準・注意】==========================

- ガウス消去法以外で解いていれば答えが合っていても 0 点.
- 手順が合っていれば計算ミスがあったとしても計算ミスの程度によって 1〜4 点の範囲で部分点あり.

==========================
■■■ 演習問題 ■■■■■■■■■■■■■■■■■■■■■■■

演習問題 4.1 次の連立 1 次方程式の解を単純ガウス消去法で求めよ.

$$
\begin{aligned}
x_1 + 2x_2 + x_3 &= 3 \\
3x_1 + 4x_2 &= 3 \\
2x_1 + 10x_2 + 4x_3 &= 10
\end{aligned}
$$

ガウス消去法の演算量

問題 4.2. ガウス消去法の後退代入

for $k = n, n-1, \cdots, 1$
$\quad x_k = b_k - \sum_{j=k+1}^{n} a_{kj} x_j$
end for

における乗除算回数と加減算回数を求めよ．(6 点)

(解答)

(乗除算回数)

$$\sum_{k=1}^{n} \sum_{j=k+1}^{n} 1 = \sum_{k=1}^{n} (n-k) = n^2 - \frac{n(n+1)}{2} = \frac{n^2}{2} - \frac{n}{2}$$

(加減算回数)

$$n + \sum_{k=1}^{n} \sum_{j=k+1}^{n} 1 = n + \frac{n^2}{2} - \frac{n}{2} = \frac{n^2}{2} + \frac{n}{2}$$

【評価基準・注意】==========================

- 具体的に求めず $O(\cdot)$ 表記を用いているものは 1〜2 点減点．

===
■■■ 演習問題 ■■■■■■■■■■■■■■■■■■■■■■■■■■■■■

演習問題 4.2 ガウス消去法の前進消去過程における乗除算回数と加減算回数を求めよ．

Section 4.2
部分ピボット選択

　前進消去過程で，分母に絶対値が限りなく 0 に近い数が現れた場合，計算が実行できなくなる．そこで，ガウス消去法が実行できるように方程式の順序を交換し，できるだけ分母に 0 が現れないように工夫する．この方法を**部分ピボット選択**という．

　部分ピボット選択付きガウス消去法を具体的に次の 3 元連立 1 次方程式で説明する．

$$\begin{bmatrix} 0 & 1 & 2 \\ 1 & 0 & 3 \\ \boxed{3} & 1 & 0 \end{bmatrix} \begin{bmatrix} x_1 \\ x_2 \\ x_3 \end{bmatrix} = \begin{bmatrix} 2 \\ 2 \\ -3 \end{bmatrix} \tag{4.3}$$

まず，(4.3) における第 1 列の最大要素は第 3 行の 3 なので第 1 行と第 3 行を交換する．なお，この最大要素のことを**ピボット**と呼ぶ．

$$\begin{bmatrix} 3 & 1 & 0 \\ 1 & 0 & 3 \\ 0 & 1 & 2 \end{bmatrix} \begin{bmatrix} x_1 \\ x_2 \\ x_3 \end{bmatrix} = \begin{bmatrix} -3 \\ 2 \\ 2 \end{bmatrix} \tag{4.4}$$

次に，ガウス消去法と同様，第 1 列の第 2 行と第 3 行を 0 にする．

$$\begin{bmatrix} 3 & 1 & 0 \\ 0 & -\frac{1}{3} & 3 \\ 0 & \boxed{1} & 2 \end{bmatrix} \begin{bmatrix} x_1 \\ x_2 \\ x_3 \end{bmatrix} = \begin{bmatrix} -3 \\ 3 \\ 2 \end{bmatrix} \tag{4.5}$$

そして，(4.5) の第 2 列目の第 2 行以下で絶対値が最大のものは第 3 行目の 1 なので，第 2 行と第 3 行を入れ換える．

$$\begin{bmatrix} 3 & 1 & 0 \\ 0 & 1 & 2 \\ 0 & -\frac{1}{3} & 3 \end{bmatrix} \begin{bmatrix} x_1 \\ x_2 \\ x_3 \end{bmatrix} = \begin{bmatrix} -3 \\ 2 \\ 3 \end{bmatrix} \tag{4.6}$$

続いて，第2列の3行目を0にする．

$$\begin{bmatrix} 3 & 1 & 0 \\ 0 & 1 & 2 \\ 0 & 0 & \frac{11}{3} \end{bmatrix} \begin{bmatrix} x_1 \\ x_2 \\ x_3 \end{bmatrix} = \begin{bmatrix} -3 \\ 2 \\ \frac{11}{3} \end{bmatrix} \tag{4.7}$$

これで前進消去が終了しているので，後退代入を行えば解 x_1, x_2, x_3 を求めることができる．

これを一般の n 元連立1次方程式について行うためのアルゴリズムは次のようになる．

───── 部分ピボット選択のアルゴリズム ─────

```
/* 部分ピボット選択 */
For k = 1, 2, ···, n − 1
    a_max ← |a_kk| ; ip ← k
    For i = k + 1, k + 2, ···, n
        If |a_ik| > a_max then
            a_max ← |a_ik| ; ip ← i
        end if
    end for
    If a_max < ε then
        "A は正則ではない"
    end if
    if ip ≠ k then
        For j = k, k + 1, ···, n
            a_kj ↔ a_ip,j
        end for
        b_k ↔ b_ip
    end if
    【前進消去】
end for
```

部分ピボット選択付きガウス消去法

問題 4.3． 次の連立 1 次方程式の解を部分ピボット選択付きガウス消去法で求めよ．(8 点)

$$x_1 + 3x_2 + x_3 = 12$$
$$x_1 + x_2 + 2x_3 = 7$$
$$2x_1 + x_2 + x_3 = 8$$

(解答) 与式を $\begin{bmatrix} 1 & 3 & 1 \\ 1 & 1 & 2 \\ 2 & 1 & 1 \end{bmatrix} \begin{bmatrix} x_1 \\ x_2 \\ x_3 \end{bmatrix} = \begin{bmatrix} 12 \\ 7 \\ 8 \end{bmatrix}$ と書く．

(前進消去)

(第 1 段) 第 1 行と第 3 行を入れ換えて消去作業を行う．

$$\begin{bmatrix} 2 & 1 & 1 \\ 1 & 1 & 2 \\ 1 & 3 & 1 \end{bmatrix} \begin{bmatrix} x_1 \\ x_2 \\ x_3 \end{bmatrix} = \begin{bmatrix} 8 \\ 7 \\ 12 \end{bmatrix} \Longrightarrow \begin{bmatrix} 2 & 1 & 1 \\ 0 & \frac{1}{2} & \frac{3}{2} \\ 0 & \frac{5}{2} & \frac{1}{2} \end{bmatrix} \begin{bmatrix} x_1 \\ x_2 \\ x_3 \end{bmatrix} = \begin{bmatrix} 8 \\ 3 \\ 8 \end{bmatrix}$$

(第 2 段) 第 2 行と第 3 行を入れ換えて消去作業を行う．

$$\begin{bmatrix} 2 & 1 & 1 \\ 0 & \frac{5}{2} & \frac{1}{2} \\ 0 & \frac{1}{2} & \frac{3}{2} \end{bmatrix} \begin{bmatrix} x_1 \\ x_2 \\ x_3 \end{bmatrix} = \begin{bmatrix} 8 \\ 8 \\ 3 \end{bmatrix} \Longrightarrow \begin{bmatrix} 2 & 1 & 1 \\ 0 & \frac{5}{2} & \frac{1}{2} \\ 0 & 0 & \frac{7}{5} \end{bmatrix} \begin{bmatrix} x_1 \\ x_2 \\ x_3 \end{bmatrix} = \begin{bmatrix} 8 \\ 8 \\ \frac{7}{5} \end{bmatrix}$$

(後退代入)

$$x_3 = 1, \quad x_2 = \frac{2}{5}\left(8 - \frac{1}{2}x_3\right) = \frac{2}{5}\left(8 - \frac{1}{2}\right) = 3$$
$$x_1 = \frac{1}{2}(8 - x_2 - x_3) = \frac{1}{2}(8 - 3 - 1) = 2$$

【評価基準・注意】==========================
- 部分ピボット選択付きガウス消去法以外 (単純ガウス消去法も含む) で解いていれば答えが合っていても 0 点．
- 手順が合っていれば計算ミスがあったとしても計算ミスの程度によって 1〜4 点の範囲で部分点あり．

================================

■■■ **演習問題** ■■■■■■■■■■■■■■■■■■■■■■■■

演習問題 4.3 連立 1 次方程式

$$2x_1 + 4x_2 + 6x_3 = 40$$
$$3x_1 + 8x_2 + 7x_3 = 58$$
$$5x_1 + 7x_2 + 9x_3 = 76$$

を $A\boldsymbol{x} = \boldsymbol{b}$ と書く．このとき，$A\boldsymbol{x} = \boldsymbol{b}$ を部分ピボット選択付きガウス消去法で解け．(12 点)

Section 4.3
スケーリング

---- スケーリング ----

定義 4.1 . 方程式に定数を掛けて係数をある一定の大きさに揃えることを**スケーリング**するという．

例えば，$0 < |\varepsilon| \ll 1$ のとき，

$$\begin{bmatrix} 1 & \frac{1}{\varepsilon} \\ 1 & 1 \end{bmatrix} \begin{bmatrix} x_1 \\ x_2 \end{bmatrix} = \begin{bmatrix} \frac{1}{\varepsilon} + \varepsilon - 1 \\ 1 \end{bmatrix}$$

を計算機内で安定して解くにはスケーリングする必要がある．

具体的には，連立 1 次方程式の各 i 行について

$$s_i = \max_{1 \leq j \leq n} |a_{ij}|$$

を求め，s_i で第 i 行目を割れば $|a_{ij}| \leq 1$ となり係数の大きさがある一定の範囲に収まる．

―― スケーリング ――

問題 4.4. 次の連立 1 次方程式の解をスケーリングしながら部分ピボット選択付きガウス消去法を実行して求めよ．(7 点)

$$\begin{bmatrix} 2 & 100 \\ 4 & 1 \end{bmatrix} \begin{bmatrix} x_1 \\ x_2 \end{bmatrix} = \begin{bmatrix} 202 \\ 6 \end{bmatrix}$$

(解答)

(前進消去)

第 1 行を $s_1 = \max_{1 \leq j \leq 2} |a_{1j}| = 100$ で割ると，

$$\begin{bmatrix} \frac{1}{50} & 1 \\ 4 & 1 \end{bmatrix} \begin{bmatrix} x_1 \\ x_2 \end{bmatrix} = \begin{bmatrix} \frac{101}{50} \\ 6 \end{bmatrix}$$

であり，$(2,1)$ 成分の方が $(1,1)$ 成分より大きいので，第 1 行と第 2 行を入れ換えて

$$\begin{bmatrix} 4 & 1 \\ \frac{1}{50} & 1 \end{bmatrix} \begin{bmatrix} x_1 \\ x_2 \end{bmatrix} = \begin{bmatrix} 6 \\ \frac{101}{50} \end{bmatrix}$$

となる．これの $(2,1)$ 成分を 0 になるように，第 1 行に $-\frac{1}{200}$ 倍したものを第 2 行に加えると

$$\begin{bmatrix} 4 & 1 \\ 0 & \frac{199}{200} \end{bmatrix} \begin{bmatrix} x_1 \\ x_2 \end{bmatrix} = \begin{bmatrix} 6 \\ \frac{398}{200} \end{bmatrix}$$

となる．

(後退代入)
$x_2 = \dfrac{398}{200} \times \dfrac{200}{199} = 2$
$x_1 = \dfrac{1}{4}(6 - x_2) = \dfrac{1}{4}(6 - 2) = 1.$

4.3 スケーリング

【評価基準・注意】==========================

- 部分ピボット選択付きガウス消去法にスケーリングを適用して解いていなければ答えが合っていても 0 点.

- 手順が合っていれば計算ミスがあったとしても計算ミスの程度によって 1〜4 点の範囲で部分点あり.

==
■■■ **演習問題** ■■■■■■■■■■■■■■■■■■■■■■■■■

演習問題 4.4 $0 < |\varepsilon| \ll 1$ のとき，連立 1 次方程式

$$\begin{bmatrix} 1 & \frac{1}{\varepsilon} \\ 1 & 1 \end{bmatrix} \begin{bmatrix} x_1 \\ x_2 \end{bmatrix} = \begin{bmatrix} \frac{1}{\varepsilon} + \varepsilon - 1 \\ 1 \end{bmatrix}$$

を計算機内で安定して解くにはスケーリングした方がよいのはなぜか？

Section 4.4
基本行列

---- 基本行列 ----

定義 4.2 . 連立 1 次方程式

$$\begin{bmatrix} a_{11} & a_{12} & \cdots & a_{1n} \\ a_{21} & a_{22} & \cdots & a_{2n} \\ \vdots & \vdots & \cdots & \vdots \\ a_{n1} & a_{n2} & \cdots & a_{nn} \end{bmatrix} \begin{bmatrix} x_1 \\ x_2 \\ \vdots \\ x_n \end{bmatrix} = \begin{bmatrix} b_1 \\ b_2 \\ \vdots \\ b_n \end{bmatrix} \quad (4.8)$$

に対して，

(1) ある行の順番を入れ換える (第 i 行と第 j 行を入れ換える)

(2) ある行に 0 でない数を掛ける (第 i 行に c を掛ける)

(3) ある行の何倍かを他の行に加える (第 j 行の c 倍を第 i 行に加える)

という操作を行なっても (4.8) の解は変わらない．

この (1)〜(3) を**行基本変形**というが，これは次の P_n, Q_n, R_n を左から掛けることにより実行できる．

(i) $P_n(i,j) = n$ 次単位行列の第 i 行と第 j 行を入れ換えたもの

(ii) $Q_n(i;c) = n$ 次単位行列の第 i 行を c で置き換えたもの

(iii) $R_n(i,j;c) = n$ 次単位行列の (i,j) 成分を c で置き換えたもの

この P_n, Q_n, R_n を **n 次基本行列**と呼ぶ．

基本行列

問題 4.5. 次の問に答えよ．

(1) 左から掛けると，第1行の2倍を第3行に加える3次基本行列 R_1 を求めよ．(2点)

(2) 左から掛けると，第3行の3倍を第2行に加える3次基本行列 R_2 を求めよ．(2点)

(3) R_1 の逆行列を求めよ．(3点)

(解答)

(1) $\begin{bmatrix} 1 & 0 & 0 \\ 0 & 1 & 0 \\ 2 & 0 & 1 \end{bmatrix}$ (2) $\begin{bmatrix} 1 & 0 & 0 \\ 0 & 1 & 3 \\ 0 & 0 & 1 \end{bmatrix}$

(3) $R_1^{-1} R_1 = E_3 (E_3$ は3次の単位行列$)$ となるような行列 R_1^{-1} は第1行の -2 倍を第3行に加えるような行列なので，$R_1^{-1} = \begin{bmatrix} 1 & 0 & 0 \\ 0 & 1 & 0 \\ -2 & 0 & 1 \end{bmatrix}$ である．

【評価基準・注意】========================

- 線形代数の復習問題であり，答えだけを記載すればよいので部分点なし．

=====================================
■■■ 演習問題 ■■■■■■■■■■■■■■■■■■■■

演習問題 4.5 左から掛けると第1行の α 倍を第2行へ，第1行の β 倍を第3行へ加える3次基本行列 R を求めよ．また，R を右から掛けるとどうなるか？

Section 4.5
LU 分解

── LU 分解 ──

定義 4.3． 連立 1 次方程式 $Ax = b$ に対する部分ピボット選択付きガウス消去法の前進消去過程は，行列 A を次のように下三角行列 L と上三角行列 U の積に分解することと同じである．これを行列 A の **LU 分解**と呼ぶ．

$$PA = LU \tag{4.9}$$

だだし，P は行の交換に対応する行列で置換行列と呼ばれる．

　LU 分解は右辺ベクトル b に依存していないので，LU 分解はガウス消去法を A に関する部分と b に関する部分とに分けたものといえる．

以下では，このことをもう少し詳しく述べる．

　部分ピボット選択付きガウス消去法の第 k 段の操作には「k 番方程式と p 番方程式を入れ換える」と「k 番方程式を α_{ik} 倍して i 番方程式 $(i = k+1, k+2, \ldots, n)$ に加える」とがあるが，これらは次のような行列 P_k と G_k をそれぞれ左から掛けることで実現できる．

$$P_k = \begin{bmatrix} 1 & & & & & & & & \\ & \ddots & & & & & & & \\ & & 1 & & & & & & \\ & & & 0 & \cdots & 1 & & & \\ & & & \vdots & & \vdots & & & \\ & & & 1 & \cdots & 0 & & & \\ & & & & & & 1 & & \\ & & & & & & & \ddots & \\ & & & & & & & & 1 \end{bmatrix} \begin{matrix} \text{第}\,k\,\text{列} \quad \text{第}\,p\,\text{列} \\ \downarrow \quad\quad \downarrow \end{matrix}$$

$$G_k = \begin{bmatrix} 1 & & & & & \\ & \ddots & & & & \\ & & 1 & & & \\ & & \alpha_{k+1,k} & 1 & & \\ & & \vdots & & \ddots & \\ & & \alpha_{nk} & & & 1 \end{bmatrix}$$

これらの行列を使うと，部分ピボット選択付きガウス消去法の前進消去過程は

$$G_{n-1}P_{n-1}\cdots G_1P_1A\boldsymbol{x} = G_{n-1}P_{n-1}\cdots G_1P_1\boldsymbol{b} \tag{4.10}$$

と書くことができる．行列 $U = G_{n-1}P_{n-1}\cdots G_1P_1A$ は前進消去過程終了時の行列の形より，次の形をした上三角行列であることが分かる．

$$U = \begin{bmatrix} u_{11} & u_{12} & \cdots & u_{1n} \\ & u_{22} & \cdots & u_{2n} \\ & & \ddots & \vdots \\ & & & u_{nn} \end{bmatrix}$$

また，(4.10) において

$$G'_{n-1} = G_{n-1}, \quad G'_i = P_{n-1}P_{n-2}\cdots P_{i+2}P_{i+1}G_iP_{i+1}^{-1}P_{i+2}^{-1}\cdots P_{n-2}^{-1}P_{n-1}^{-1}$$

とすれば，

$$G_{n-1}P_{n-1}\cdots G_1P_1 = (G'_{n-1}\cdots G'_1)(P_{n-1}\cdots P_1)$$

と書ける．よって，$L = (G'_{n-1}\cdots G'_1)^{-1}$，$P = P_{n-1}P_{n-2}\cdots P_1$ とすると

$$\begin{aligned} A = (G_{n-1}P_{n-1}\cdots G_1P_1)^{-1}U &= (G'_{n-1}\cdots G'_1P)^{-1}U \\ &= P^{-1}LU \end{aligned}$$

となり，(4.9) が導かれる．

なお，行列 L は次のような形をした下三角行列になっている．

$$L = \begin{bmatrix} l_{11} & & \\ \vdots & \ddots & \\ l_{n1} & \cdots & l_{nn} \end{bmatrix}$$

(4.9) より $A\bm{x} = \bm{b}$ は

$$LU\bm{x} = P\bm{b}$$

と書くことができるので，行列 A を LU 分解して L と U を求めた後，

$$L\bm{y} = P\bm{b}$$
$$U\bm{x} = \bm{y}$$

をそれぞれ前進代入と後退代入を用いて $\bm{y}$ と $\bm{x}$ を求めれば，$A\bm{x} = \bm{b}$ の解 $\bm{x}$ を得ることができる．

LU 分解

問題 4.6. $\begin{bmatrix} 1 & 1 & 2 \\ 2 & 2 & 7 \\ 1 & 6 & 3 \end{bmatrix} \begin{bmatrix} x_1 \\ x_2 \\ x_3 \end{bmatrix} = \begin{bmatrix} 2 \\ 10 \\ 7 \end{bmatrix}$ を $Ax = b$ と書く．このとき，次の問に答えよ．

(1) A の LU 分解を部分ピボット選択付きガウス消去法に基づいて求めよ．(13 点)

(2) (1) で求めた LU 分解を用いて $Ax = b$ を解け．(6 点)

(解答)

(第 1 段)

左から掛けたときに A の第 1 行と第 2 行を入れ換える行列 P_1 は，$P_1 = \begin{bmatrix} 0 & 1 & 0 \\ 1 & 0 & 0 \\ 0 & 0 & 1 \end{bmatrix}$ であり，

$$P_1 A = \begin{bmatrix} 0 & 1 & 0 \\ 1 & 0 & 0 \\ 0 & 0 & 1 \end{bmatrix} \begin{bmatrix} 1 & 1 & 2 \\ 2 & 2 & 7 \\ 1 & 6 & 3 \end{bmatrix} = \begin{bmatrix} 2 & 2 & 7 \\ 1 & 1 & 2 \\ 1 & 6 & 3 \end{bmatrix}$$

である．左から掛けたときに $P_1 A$ の第 1 列第 2 行目以降を 0 にする行列 G_1 は，$G_1 = \begin{bmatrix} 1 & 0 & 0 \\ -\frac{1}{2} & 1 & 0 \\ -\frac{1}{2} & 0 & 1 \end{bmatrix}$ なので，

$$G_1 P_1 A = \begin{bmatrix} 1 & 0 & 0 \\ -\frac{1}{2} & 1 & 0 \\ -\frac{1}{2} & 0 & 1 \end{bmatrix} \begin{bmatrix} 2 & 2 & 7 \\ 1 & 1 & 2 \\ 1 & 6 & 3 \end{bmatrix} = \begin{bmatrix} 2 & 2 & 7 \\ 0 & 0 & -\frac{3}{2} \\ 0 & 5 & -\frac{1}{2} \end{bmatrix}$$

である．

(第 2 段) 左から掛けたとき $G_1 P_1 A$ の 2 行目と 3 行目を入れ換える行列

P_2 は，$P_2 = \begin{bmatrix} 1 & 0 & 0 \\ 0 & 0 & 1 \\ 0 & 1 & 0 \end{bmatrix}$ なので，

$$P_2 G_1 P_1 A = \begin{bmatrix} 1 & 0 & 0 \\ 0 & 0 & 1 \\ 0 & 1 & 0 \end{bmatrix} \begin{bmatrix} 2 & 2 & 7 \\ 0 & 0 & -\frac{3}{2} \\ 0 & 5 & -\frac{1}{2} \end{bmatrix} = \begin{bmatrix} 2 & 2 & 7 \\ 0 & 5 & -\frac{1}{2} \\ 0 & 0 & -\frac{3}{2} \end{bmatrix} =: U$$

である．ここで，$G'_2 = G_2 = E_3$（E_3 は 3 次単位行列），$G'_1 = P_2 G_1 P_2^{-1}$ であり，$P_2 G_1 = \begin{bmatrix} 1 & 0 & 0 \\ 0 & 0 & 1 \\ 0 & 1 & 0 \end{bmatrix} \begin{bmatrix} 1 & 0 & 0 \\ -\frac{1}{2} & 1 & 0 \\ -\frac{1}{2} & 0 & 1 \end{bmatrix} = \begin{bmatrix} 1 & 0 & 0 \\ -\frac{1}{2} & 0 & 1 \\ -\frac{1}{2} & 1 & 0 \end{bmatrix}$ より，$P_2 G_1 P_2^{-1} = \begin{bmatrix} 1 & 0 & 0 \\ -\frac{1}{2} & 1 & 0 \\ -\frac{1}{2} & 0 & 1 \end{bmatrix} = G_1$ なので，$L = (G'_2 G'_1)^{-1} = G_1^{-1}$ である．

掃き出し法より

$$\left[\begin{array}{ccc|ccc} 1 & 0 & 0 & 1 & 0 & 0 \\ -\frac{1}{2} & 1 & 0 & 0 & 1 & 0 \\ -\frac{1}{2} & 0 & 1 & 0 & 0 & 1 \end{array}\right] \Longrightarrow \left[\begin{array}{ccc|ccc} 1 & 0 & 0 & 1 & 0 & 0 \\ 0 & 1 & 0 & \frac{1}{2} & 1 & 0 \\ 0 & 0 & 1 & \frac{1}{2} & 0 & 1 \end{array}\right]$$

なので，$L = \begin{bmatrix} 1 & 0 & 0 \\ \frac{1}{2} & 1 & 0 \\ \frac{1}{2} & 0 & 1 \end{bmatrix}$ となる．

(2) $P = P_2 P_1 = \begin{bmatrix} 1 & 0 & 0 \\ 0 & 0 & 1 \\ 0 & 1 & 0 \end{bmatrix} \begin{bmatrix} 0 & 1 & 0 \\ 1 & 0 & 0 \\ 0 & 0 & 1 \end{bmatrix} = \begin{bmatrix} 0 & 1 & 0 \\ 0 & 0 & 1 \\ 1 & 0 & 0 \end{bmatrix}$ なので，

$$P\boldsymbol{b} = \begin{bmatrix} 0 & 1 & 0 \\ 0 & 0 & 1 \\ 1 & 0 & 0 \end{bmatrix} \begin{bmatrix} 2 \\ 10 \\ 7 \end{bmatrix} = \begin{bmatrix} 10 \\ 7 \\ 2 \end{bmatrix}.$$

$L\boldsymbol{y} = P\boldsymbol{b}$, つまり, $\begin{bmatrix} 1 & 0 & 0 \\ \frac{1}{2} & 1 & 0 \\ \frac{1}{2} & 0 & 1 \end{bmatrix} \begin{bmatrix} y_1 \\ y_2 \\ y_3 \end{bmatrix} = \begin{bmatrix} 10 \\ 7 \\ 2 \end{bmatrix}$ より, $y_1 = 10$, $y_2 = 7 - \frac{1}{2} y_1 = 7 - 5 = 2$, $y_3 = 2 - \frac{1}{2} y_1 = 2 - 5 = -3$.

$U\boldsymbol{x} = \boldsymbol{y}$, つまり, $\begin{bmatrix} 2 & 2 & 7 \\ 0 & 5 & -\frac{1}{2} \\ 0 & 0 & -\frac{3}{2} \end{bmatrix} \begin{bmatrix} x_1 \\ x_2 \\ x_3 \end{bmatrix} = \begin{bmatrix} 10 \\ 2 \\ -3 \end{bmatrix}$ より, $x_3 = -3 \times -\frac{2}{3} = 2$, $x_2 = \frac{1}{5}(2 + \frac{1}{2} x_2) = \frac{3}{5}$, $x_1 = \frac{1}{2}(10 - 2x_2 - 7x_3) = \frac{1}{2}(10 - \frac{6}{5} - 14) = -\frac{13}{5}$.

【評価基準・注意】=========================

- (1) は, 第 1 段が 5 点, 第 2 段が 8 点.
- LU 分解を使わずに解いていれば答えが合っていても 0 点.
- 手順が合っていれば計算ミスがあったとしても計算ミスの程度によって 1〜4 点の範囲で部分点あり.
- $P_2 = P_2^{-1}$ に注意.

==
■■■ 演習問題 ■■■■■■■■■■■■■■■■■■■■■■■■■■■

演習問題 4.6 $A = \begin{bmatrix} 1 & 4 & 5 \\ 1 & 6 & 11 \\ 2 & 12 & 25 \end{bmatrix}$, $\boldsymbol{x} = \begin{bmatrix} x_1 \\ x_2 \\ x_3 \end{bmatrix}$, $\boldsymbol{b} = \begin{bmatrix} 24 \\ 46 \\ 101 \end{bmatrix}$ とする. このとき, 次の問に答えよ. (24 点)

(1) A の LU 分解 $A = LU$ を単純ガウス消去法に基づき求めよ. (12 点)
(2) (1) で求めた LU 分解を用いて方程式 $A\boldsymbol{x} = \boldsymbol{b}$ を解け. (8 点)
(3) 一般に LU 分解法はガウス消去法よりどのような利点があるといえるか?
(4 点)

―― ガウスの消去法・LU 分解 ――

問題 4.7. 連立 1 次方程式

$$2x_1 + 4x_2 + 6x_3 = 40$$
$$3x_1 + 8x_2 + 7x_3 = 58$$
$$5x_1 + 7x_2 + 9x_3 = 76$$

を $A\bm{x} = \bm{b}$ と書く．このとき，次の問に答えよ．
(1) $A\bm{x} = \bm{b}$ を部分ピボット選択付きガウス消去法で解け．(10 点)
(2) A の LU 分解を単純ガウス消去法に基づいて求めよ．(10 点)
(3) (2) で求めた LU 分解を用いて，$A\bm{x} = \bm{b}$ を解け．(6 点)

(解答)
(1) (第 1 段)：第 1 列の最大要素は 5 なので，第 1 行と第 3 行を交換する．

$$\begin{bmatrix} 5 & 7 & 9 \\ 3 & 8 & 7 \\ 2 & 4 & 6 \end{bmatrix} \begin{bmatrix} x_1 \\ x_2 \\ x_3 \end{bmatrix} = \begin{bmatrix} 76 \\ 58 \\ 40 \end{bmatrix}$$

そして，第 1 列の 2 行目以下を 0 にする．

$$\begin{bmatrix} 5 & 7 & 9 \\ 0 & \frac{19}{5} & \frac{8}{5} \\ 0 & \frac{6}{5} & \frac{12}{5} \end{bmatrix} \begin{bmatrix} x_1 \\ x_2 \\ x_3 \end{bmatrix} = \begin{bmatrix} 76 \\ \frac{62}{5} \\ \frac{48}{5} \end{bmatrix}$$

(第 2 段)：第 2 列目の 2 行目以下の最大要素は $\frac{19}{5}$ なので行の交換は必要なく，第 3 行 2 列目の要素を 0 にすると，

$$\begin{bmatrix} 5 & 7 & 9 \\ 0 & \frac{19}{5} & \frac{8}{5} \\ 0 & 0 & \frac{36}{19} \end{bmatrix} \begin{bmatrix} x_1 \\ x_2 \\ x_3 \end{bmatrix} = \begin{bmatrix} 76 \\ \frac{62}{5} \\ \frac{108}{19} \end{bmatrix}$$

(後退代入)：$x_3 = 3$,
$x_2 = \frac{5}{19}\left(\frac{62}{5} - \frac{8}{5}\cdot 3\right) = \frac{5}{19}\cdot\frac{38}{5} = 2$,

$x_1 = \frac{1}{5}(76 - 7 \cdot 2 - 9 \cdot 3) = \frac{1}{5}(76 - 14 - 27) = 7.$

(2) G_1 は A において第 2 行目以降で x_1 を含む項を消去するように選べ

ばよいので $G_1 = \begin{bmatrix} 1 & 0 & 0 \\ -\frac{3}{2} & 1 & 0 \\ -\frac{5}{2} & 0 & 1 \end{bmatrix}$ とすると,

$$G_1 A = \begin{bmatrix} 1 & 0 & 0 \\ -\frac{3}{2} & 1 & 0 \\ -\frac{5}{2} & 0 & 1 \end{bmatrix} \begin{bmatrix} 2 & 4 & 6 \\ 3 & 8 & 7 \\ 5 & 7 & 9 \end{bmatrix} = \begin{bmatrix} 2 & 4 & 6 \\ 0 & 2 & -2 \\ 0 & -3 & -6 \end{bmatrix}$$

次に, G_2 は $G_1 A$ において第 3 行から x_2 を含む項を消去するように選べ

ばよいので $G_2 = \begin{bmatrix} 1 & 0 & 0 \\ 0 & 1 & 0 \\ 0 & \frac{3}{2} & 1 \end{bmatrix}$ とすると,

$$G_2 G_1 A = \begin{bmatrix} 1 & 0 & 0 \\ 0 & 1 & 0 \\ 0 & \frac{3}{2} & 1 \end{bmatrix} \begin{bmatrix} 2 & 4 & 6 \\ 0 & 2 & -2 \\ 0 & -3 & -6 \end{bmatrix} = \begin{bmatrix} 2 & 4 & 6 \\ 0 & 2 & -2 \\ 0 & 0 & -9 \end{bmatrix} =: U$$

また,

$$G_2 G_1 = \begin{bmatrix} 1 & 0 & 0 \\ 0 & 1 & 0 \\ 0 & \frac{3}{2} & 1 \end{bmatrix} \begin{bmatrix} 1 & 0 & 0 \\ -\frac{3}{2} & 1 & 0 \\ -\frac{5}{2} & 0 & 1 \end{bmatrix} = \begin{bmatrix} 1 & 0 & 0 \\ -\frac{3}{2} & 1 & 0 \\ -\frac{19}{4} & \frac{3}{2} & 1 \end{bmatrix}$$

なので, 掃き出し法により, $L = (G_2 G_1)^{-1}$ を求めると次のようになる.

$$\left[\begin{array}{ccc|ccc} 1 & 0 & 0 & 1 & 0 & 0 \\ -\frac{3}{2} & 1 & 0 & 0 & 1 & 0 \\ -\frac{19}{4} & \frac{3}{2} & 1 & 0 & 0 & 1 \end{array} \right] \implies \left[\begin{array}{ccc|ccc} 1 & 0 & 0 & 1 & 0 & 0 \\ 0 & 1 & 0 & \frac{3}{2} & 1 & 0 \\ 0 & \frac{3}{2} & 1 & \frac{19}{4} & 0 & 1 \end{array} \right]$$

$$\implies \left[\begin{array}{ccc|ccc} 1 & 0 & 0 & 1 & 0 & 0 \\ 0 & 1 & 0 & \frac{3}{2} & 1 & 0 \\ 0 & 0 & 1 & \frac{5}{2} & -\frac{3}{2} & 1 \end{array} \right]$$

よって，
$$L = \begin{bmatrix} 1 & 0 & 0 \\ \frac{3}{2} & 1 & 0 \\ \frac{5}{2} & -\frac{3}{2} & 1 \end{bmatrix}$$

(3)
$$L\boldsymbol{y} = \boldsymbol{b} \iff \begin{bmatrix} 1 & 0 & 0 \\ \frac{3}{2} & 1 & 0 \\ \frac{5}{2} & -\frac{3}{2} & 1 \end{bmatrix} \begin{bmatrix} y_1 \\ y_2 \\ y_3 \end{bmatrix} = \begin{bmatrix} 40 \\ 58 \\ 76 \end{bmatrix}$$

より，$y_1 = 40$, $y_2 = 58 - \frac{3}{2}y_1 = -2$, $y_3 = 76 - \frac{5}{2}y_1 + \frac{3}{2}y_2 = 76 - 100 - 3 = -27$．

次に，
$$U\boldsymbol{x} = \boldsymbol{y} \iff \begin{bmatrix} 2 & 4 & 6 \\ 0 & 2 & -2 \\ 0 & 0 & -9 \end{bmatrix} \begin{bmatrix} x_1 \\ x_2 \\ x_3 \end{bmatrix} = \begin{bmatrix} 40 \\ -2 \\ -27 \end{bmatrix}$$

より $x_3 = 3$, $x_2 = \frac{1}{2}(-2 + 2x_3) = 2$, $x_1 = \frac{1}{2}(40 - 4x_2 - 6x_3) = 7$

【評価基準・注意】=========================

- ピボット選択をしていないものは答えが合っていても5点．また，計算ミスがあっても考え方が合っていれば5点．

- (2) で G_1, G_2 が間違っているにも関わらず LU 分解が合っている場合は5点．また，別の解き方，例えば，あらかじめ $L = \begin{bmatrix} 1 & 0 & 0 \\ l_{21} & 1 & 0 \\ l_{31} & l_{32} & 1 \end{bmatrix}$ とおいて，各成分を $A = LU$ とおいて求めたようなものは結果が合っていれば5点．ここでは，解き方を限定しているので減点対象となる．ただし，そこで得られた LU 分解を使って (3) を解いたとしても，(3) に関しては減点対象とはしていない．なお，「ムーアペンローズ型一般化逆行列の LU 分解より」などと書いているものがあったが，ここでは正方行列を扱っているので一般化逆行列などを考える必要は全くないことに注意．

- (2) において最初から $G = \begin{bmatrix} 1 & 0 & 0 \\ -\frac{3}{2} & 1 & 0 \\ -\frac{19}{4} & \frac{3}{2} & 1 \end{bmatrix}$ と書いているものも正解とするが，本当に行列の基本変形が分かっているかの判定はつきにくい．自分が分かっていることをアピールするためには解答のように G_1, G_2 をはっきりと書くべきである．

- (2) において，G_1 もしくは G_2 の形を導いていれば2点．

- (2) においていきなり説明もなく LU 分解を書いているものは 0 点．ただし，そこに書いた LU 分解を使って (3) を解いたとしても，(3) に関しては減点対象とはしていない．

- (2) が間違ったために，(3) も間違ってしまった場合は，考え方が合っていれば (3) については 3 点．また，(2) も考え方が合っていれば 5 点．

- 単純ガウス消去法に基づき，U を求めた後，$L = AU^{-1}$ を求めたものは考え方は合っているので正解とする．

- (1) の結果 (変形) を使って (2) を解こうとすると，G_1, G_2 がおかしくなってしまう．(2) では特に部分ピボット選択を要求していないことに注意．(1) を使ったものは最低でも 5 点減点．

- (1) において計算がしやすいように計算の途中で両辺を 5 倍しているものは正確にはガウス消去法に従っていない (ガウス消去法の過程で計算をしやすいように両辺を定数倍するという操作はない) ので，減点対象とする．

- (1) の変形過程で 2×2 行列のように書いているものは答えが合っていても 3〜5 点減点．表記上に問題がある．あくまで 3×3 行列として扱うべき．

- 説明がなく単なる式の羅列になっているものは 2〜5 点減点．

===
■■■ 演習問題 ■■■■■■■■■■■■■■■■■■■■■■■■

演習問題 4.7 連立 1 次方程式

$$\begin{bmatrix} 1 & 2 & 1 \\ 3 & 4 & 0 \\ 1 & 5 & 2 \end{bmatrix} \begin{bmatrix} x_1 \\ x_2 \\ x_3 \end{bmatrix} = \begin{bmatrix} 3 \\ 3 \\ 5 \end{bmatrix}$$

を $A\boldsymbol{x} = \boldsymbol{b}$ と書く．このとき，次の問に答えよ．
(1) $A\boldsymbol{x} = \boldsymbol{b}$ を部分ピボット選択付きガウス消去法で解け．(10 点)
(2) A の LU 分解を部分ピボット選択付きガウス消去法に基づき求めよ．(15 点)

連立 1 次方程式と条件数

問題 4.8. 連立 1 次方程式

$$\begin{bmatrix} 7.6 & 9.3 \\ 3.1 & 3.8 \end{bmatrix} \begin{bmatrix} x_1 \\ x_2 \end{bmatrix} = \begin{bmatrix} 7.6 \\ 3.1 \end{bmatrix} \quad (*)$$

を $A\bm{x} = \bm{b}$ と書く.このとき,次の問に答えよ.

(1) $(*)$ に対して単純ガウス消去法を実行し,$\bm{x}$ の近似解 $\hat{\bm{x}} = [\hat{x}_1, \hat{x}_2]^t$ を 10 進 3 桁切り捨てで求めよ.なお,ガウス消去法の過程で発生するすべての演算も 10 進 3 桁切り捨てで行うことに注意すること.(6 点)

(2) (1) で求めた $\hat{\bm{x}}$ を用いて残差 $\bm{r} = \bm{b} - A\hat{\bm{x}}$ を求めよ.ただし,$\bm{r} = [r_1, r_2]^t$ とする.(4 点)

(3) 行列 A の条件数 $\mathrm{cond}_1(A)$ を求めよ.(5 点)

(4) 誤差を $\bm{e} = \bm{x} - \hat{\bm{x}}$ とする.このとき,$\dfrac{\|\bm{e}\|}{\|\hat{\bm{x}}\|} \leq \mathrm{cond}(A) \dfrac{\|\bm{r}\|}{\|A\| \cdot \|\hat{\bm{x}}\|}$ が成り立つことを示せ.(4 点)

(5) (1)〜(4) より誤差 $\bm{e} = \bm{x} - \hat{\bm{x}}$ は 10 進 3 桁切り捨てシステムの丸めの単位 $10^{-3+1} = 10^{-2}$ より小さいといえるか? 理由を述べて答えよ.(4 点)

(解答)

(1) 10 進 3 桁切り捨てであることに注意してガウス消去法を実行すると,

$$\begin{aligned} -\frac{a_{21}}{a_{11}} &= -\frac{3.1}{7.6} = -0.40789 \approx -0.407 \\ a_{22} &= 3.8 - 0.407 \times 9.3 = 3.8 - 3.7851 \approx 3.8 - 3.78 = 0.02 \\ b_2 &= 3.1 - 0.407 \times 7.6 = 3.1 - 3.0932 \approx 3.1 - 3.09 = 0.01 \end{aligned}$$

なので,第 1 段終了後は,

$$\begin{bmatrix} 7.6 & 9.3 \\ 0 & 0.02 \end{bmatrix} \begin{bmatrix} x_1 \\ x_2 \end{bmatrix} = \begin{bmatrix} 7.6 \\ 0.01 \end{bmatrix}$$

となる．そして，後退代入を行うと，

$$x_2 = \frac{0.01}{0.02} = 0.5$$
$$x_1 = \frac{7.6 - 9.3 \times 0.5}{7.6} = \frac{7.6 - 4.65}{7.6} = \frac{2.95}{7.6} = 0.38815... \approx 0.388$$

(2)

$$\begin{aligned}
\boldsymbol{b} - A\hat{\boldsymbol{x}} &= \begin{bmatrix} 7.6 \\ 3.1 \end{bmatrix} - \begin{bmatrix} 7.6 & 9.3 \\ 3.1 & 3.8 \end{bmatrix} \begin{bmatrix} 0.388 \\ 0.5 \end{bmatrix} \\
&= \begin{bmatrix} 7.6 \\ 3.1 \end{bmatrix} - \begin{bmatrix} 7.6 \times 0.388 + 9.3 \times 0.5 \\ 3.1 \times 0.388 + 3.8 \times 0.5 \end{bmatrix} \\
&= \begin{bmatrix} 7.6 \\ 3.1 \end{bmatrix} - \begin{bmatrix} 2.9488 + 4.65 \\ 1.2028 + 1.9 \end{bmatrix} = \begin{bmatrix} 0.0012 \\ -0.0028 \end{bmatrix}
\end{aligned}$$

(3)

$$A^{-1} = \frac{1}{7.6 \times 3.8 - 3.1 \times 9.8} \begin{bmatrix} 3.8 & -9.3 \\ -3.1 & 7.6 \end{bmatrix} = \begin{bmatrix} 76 & -186 \\ -62 & 152 \end{bmatrix}$$

よって，$\|A\|_1 = \max(7.6 + 3.1, 9.3 + 3.8) = 13.1$，$\|A^{-1}\|_1 = \max(76 + 62, 186 + 152) = 338$ なので，$\mathrm{cond}_1(A) = \|A\|_1 \cdot \|A^{-1}\|_1 = 13.1 \times 338 = 4427.8$．

(4) $\boldsymbol{r} = \boldsymbol{b} - A\hat{\boldsymbol{x}}$ の両辺に左から A^{-1} を掛けると $A^{-1}\boldsymbol{r} = A^{-1}\boldsymbol{b} - \hat{\boldsymbol{x}} = \boldsymbol{x} - \hat{\boldsymbol{x}} = \boldsymbol{e}$ なので，$\|\boldsymbol{e}\| \leq \|A^{-1}\| \cdot \|\boldsymbol{r}\|$ となる．よって，

$$\frac{\|\boldsymbol{e}\|}{\|\hat{\boldsymbol{x}}\|} \leq \|A^{-1}\| \cdot \|\boldsymbol{r}\| \frac{\|A\|}{\|\hat{\boldsymbol{x}}\| \cdot \|A\|} = \mathrm{cond}(A) \frac{\|\boldsymbol{r}\|}{\|A\| \cdot \|\hat{\boldsymbol{x}}\|}$$

となる．

(5) $\|\boldsymbol{r}\|_1 = |r_1| + |r_2| = 0.012 + 0.0028 = 0.004$，$\|A\|_1 = 13.1$，$\|\hat{\boldsymbol{x}}\|_1 = 0.388 + 0.5 = 0.888$ なので，(4) より

$$\frac{\|\boldsymbol{e}\|_1}{\|\hat{\boldsymbol{x}}\|_1} \leq 4427.8 \times \frac{0.004}{13.1 \times 0.888} = 1.5225...$$

となる．これは1桁も答えが合っていない可能性があることを意味している．

そこで $A\bm{x} = \bm{b}$ の真の解を実際に求めてみると，$x_1 = 1$，$x_2 = 0$ なので

$$\bm{e} = \begin{bmatrix} 1 \\ 0 \end{bmatrix} - \begin{bmatrix} 0.388 \\ 0.5 \end{bmatrix} = \begin{bmatrix} 0.612 \\ -0.5 \end{bmatrix}$$

であり，誤差は 0.01 より小さいとはいえない．

【評価基準・注意】======================

- 各問とも考え方が合っていれば，計算ミスがあっても各配点の 50% は保証する．従って，(1) が間違えていても (2) の考え方があっていれば 2 点は保証する．ただし，(1) においては 10 進 3 桁切り捨ての考え方が間違っていればガウス消去法の手順があっていても 0 点．

- 計算ミスは 2〜4 点減点．

- 答えしか書いていないものは，各問とも高々 1 点．

- (4) の証明で $\dfrac{\|\Delta \bm{y}\|}{\|\bm{y}\|} \leq \operatorname{cond}(A) \dfrac{\|\Delta \bm{x}\|}{\|\bm{x}\|}$ を使った場合，$\Delta \bm{y}$，$\bm{y}$，$\Delta \bm{x}$，$\bm{x}$，A はそれぞれ何に対応しているかを明記していなければ 2 点以上減点．

- (4) の証明で，「ノルムの公理より $\|A^{-1}\bm{r}\| \leq \|A^{-1}\|\|\bm{r}\|$」とか「行列の定義より」としているものは 1 点減点．ノルムの公理からではなく，従属ノルムの性質 (または，ベクトルノルムと行列ノルムの両立性) から導かれる．

- (4) で $\dfrac{\|\bm{b} - A\hat{\bm{x}}\|}{\|A\hat{\bm{x}}\|} \leq \dfrac{\|\bm{b} - A\hat{\bm{x}}\|}{\|A\|\|\hat{\bm{x}}\|}$ や $\|\bm{x} - \hat{\bm{x}}\| \leq \|A^{-1}\|\|\bm{x} - \hat{\bm{x}}\|$ などと書いているものは 0 点．前者は不等号が逆であり，後者は $\|A^{-1}\| \geq 1$ でない限り成り立たない．一般の n 次正則行列 A については $\|A^{-1}\| \geq 1$ が成り立つとはいえない．また，$\dfrac{\bm{r}}{A}$ といった表現があった場合も 0 点．A は行列なので，$\dfrac{\bm{r}}{A}$ といった書き方はできない．$A^{-1} = \dfrac{1}{A}$ ではないことに注意．

- 「10 進 3 桁切り捨て」を「小数点以下第 3 位で切り捨て」と勘違いしないように．「10 進 3 桁」とは，有効桁数が 3 桁であるということ．

- (1) において a_{21} は計算する必要がない．ガウス消去法のアルゴリズム (p.59) を参照すること．

================================
■■■ **演習問題** ■■■■■■■■■■■■■■■■■■■■■■

演習問題 4.8

$$A = \begin{bmatrix} 0.6 & 1.4 \\ 4.8 & 11.201 \end{bmatrix}, \quad \bm{b}_1 = \begin{bmatrix} 3.4 \\ 27.202 \end{bmatrix}, \quad \bm{b}_2 = \begin{bmatrix} 3.4 \\ 27.205 \end{bmatrix}$$

とする．このとき，$A\bm{x}_i = \bm{b}_i\, (i = 1, 2)$ の解 $\bm{x}_i$ および $\operatorname{cond}_\infty(A)$ を求めよ．

Section 4.6
連立 1 次方程式の反復解法

4.6.1 反復法の原理とヤコビ法

―――――― 反復行列 ――――――

定義 4.4. 連立 1 次方程式

$$Ax = b \qquad (4.11)$$

を同値な方程式

$$x = Mx + Nb \qquad (4.12)$$

に変形し，反復法により (4.11) の解を求めることができる．ここで，M を**反復行列**という．

一般に，反復法の方がガウス消去法や LU 分解に比べて (4.11) の近似解を速く求めることができる．

―――――― 反復法の原理 ――――――

定理 4.1. あるノルム $\|\cdot\|$ について $\|M\| < 1$ ならば，反復法

$$x^{(k+1)} = Mx^{(k)} + Nb \qquad (4.13)$$

によって作られる列 $x^{(k)}$ は (4.11) の解 x に収束する．

(4.13) の形をした反復法を統一的に記述するために (4.11) の行列 A を

$$A = D + L + U \qquad (4.14)$$

と分けるのが一般的である．ここで，

$$D = \begin{bmatrix} a_{11} & & \\ & \ddots & \\ & & a_{nn} \end{bmatrix} \quad L = \begin{bmatrix} 0 & \cdots & \cdots & 0 \\ a_{21} & \ddots & & \vdots \\ \vdots & \ddots & \ddots & \vdots \\ a_{n1} & \cdots & a_{n,n-1} & 0 \end{bmatrix}$$

$$U = \begin{bmatrix} 0 & a_{12} & \cdots & a_{1n} \\ \vdots & \ddots & \ddots & \vdots \\ \vdots & & \ddots & a_{n-1,n} \\ 0 & \cdots & \cdots & 0 \end{bmatrix}$$

また,定理 4.1 は反復列 $\boldsymbol{x}^{(k)}$ が収束するための十分条件を与えているが,収束するための必要十分条件を与えるものとして次の定理が知られている.

───── 収束するための必要十分条件 ─────

定理 4.2. 反復法 (4.13) によって $\boldsymbol{x}^{(k)}$ が $A\boldsymbol{x} = \boldsymbol{b}$ の解 $\boldsymbol{x}$ に収束するための必要十分条件は,反復行列 M のすべての固有値 μ_i が $|\mu_i| < 1$,つまり $\rho(M) < 1$ を満たすことである.また,収束の速さは $\rho(M)$ に依存する.

収束判定条件を

$$\|\boldsymbol{x}^{(k+1)} - \boldsymbol{x}^{(k)}\| < \varepsilon$$

とする.ここで,α 回で反復列 $\{\boldsymbol{x}^{(k)}\}$ が収束したと仮定すると

$$\alpha \geq \frac{\log \varepsilon}{\log \|M\|} \tag{4.15}$$

が成り立つ.また,ノルムとスペクトル半径の性質より

$$\alpha \geq \frac{\log \varepsilon}{\log \rho(M)} \tag{4.16}$$

も成り立つ.

反復回数を見積もるには,(4.15) や (4.16) を利用すればよい.

ヤコビ法

定義 4.5. (4.13) において

$$M = -D^{-1}(L+U), \quad N = D^{-1}$$

とおいた反復法

$$\boldsymbol{x}^{(k+1)} = D^{-1}\{\boldsymbol{b} - (L+U)\boldsymbol{x}^{(k)}\} \tag{4.17}$$

を**ヤコビ法**という．

ヤコビ法のアルゴリズム

(4.17) より，$i = 1, 2, \ldots, n$ に対して

$$\begin{aligned}x_i^{(k+1)} = \frac{1}{a_{ii}}\{b_i \quad &- \quad (a_{i1}x_1^{(k)} + \cdots + a_{i,i-1}x_{i-1}^{(k)} \\ &+ \quad a_{i,i+1}x_{i+1}^{(k)} + \cdots + a_{in}x_n^{(k)})\}\end{aligned} \tag{4.18}$$

が成り立つのでヤコビ法のアルゴリズムは次のようになる．

1. 初期値 $\boldsymbol{x}^{(0)}$ を選ぶ．

2. $k = 1, 2, \ldots$ に対して (4.18) を計算する．

ヤコビ法は簡単だが収束が遅いためあまり利用されていない．

ヤコビ法

問題 4.9. ヤコビ法を用いて

$$2x_1 + x_2 = 4$$
$$x_1 + 2x_2 = 5$$

を解け．ただし，初期値を $x_1^{(0)} = 1.5$, $x_2^{(0)} = 2.5$ とし，収束判定条件を $\|\boldsymbol{x}^{(k+1)} - \boldsymbol{x}^{(k)}\|_\infty < 0.05$ とする．また，各ステップの計算結果は小数点以下第 7 位まで四捨五入で求めよ．さらに，必要となる反復回数を反復行列の最大値ノルムを利用して推定せよ．

(解答) ヤコビ法の反復行列 M_J は $M_J = -D^{-1}(L+U)$ なので

$$M_J = -\begin{bmatrix} \frac{1}{a_{11}} & 0 \\ 0 & \frac{1}{a_{22}} \end{bmatrix} \begin{bmatrix} 0 & a_{12} \\ a_{21} & 0 \end{bmatrix} = \begin{bmatrix} 0 & -\frac{a_{12}}{a_{11}} \\ -\frac{a_{21}}{a_{22}} & 0 \end{bmatrix} = \begin{bmatrix} 0 & -\frac{1}{2} \\ -\frac{1}{2} & 0 \end{bmatrix}$$

であり $\|M\|_\infty = \frac{1}{2}$ である．よって，反復回数 α は

$$\alpha > \frac{\log \varepsilon}{\log \|M_J\|_\infty} = \frac{\log(0.05)}{\log(0.5)} = 4.321928\ldots$$

より 5 回と推定される．

また，(4.18) より

$$\begin{bmatrix} x_1^{(1)} \\ x_2^{(1)} \end{bmatrix} = \begin{bmatrix} \frac{b_1 - a_{12}x_2^{(0)}}{a_{11}} \\ \frac{b_2 - a_{21}x_1^{(0)}}{a_{22}} \end{bmatrix} = \begin{bmatrix} \frac{4 - x_2^{(0)}}{2} \\ \frac{5 - x_1^{(0)}}{2} \end{bmatrix} = \begin{bmatrix} \frac{4 - 2.5}{2} \\ \frac{5 - 1.5}{2} \end{bmatrix} = \begin{bmatrix} 0.75 \\ 1.75 \end{bmatrix}$$

$$\begin{bmatrix} x_1^{(2)} \\ x_2^{(2)} \end{bmatrix} = \begin{bmatrix} \frac{4 - 1.75}{2} \\ \frac{5 - 0.75}{2} \end{bmatrix} = \begin{bmatrix} 1.125 \\ 2.125 \end{bmatrix}, \quad \begin{bmatrix} x_1^{(3)} \\ x_2^{(3)} \end{bmatrix} = \begin{bmatrix} \frac{4 - 2.125}{2} \\ \frac{5 - 1.125}{2} \end{bmatrix} = \begin{bmatrix} 0.9375 \\ 1.9375 \end{bmatrix}$$

$$\begin{bmatrix} x_1^{(4)} \\ x_2^{(4)} \end{bmatrix} = \begin{bmatrix} \frac{4 - 1.9375}{2} \\ \frac{5 - 0.9375}{2} \end{bmatrix} = \begin{bmatrix} 1.03125 \\ 2.03125 \end{bmatrix}$$

$$\begin{bmatrix} x_1^{(5)} \\ x_2^{(5)} \end{bmatrix} = \begin{bmatrix} \frac{4 - 2.03125}{2} \\ \frac{5 - 1.03125}{2} \end{bmatrix} = \begin{bmatrix} 0.984375 \\ 1.984375 \end{bmatrix}$$

ここで，$\|\boldsymbol{x}^{(5)} - \boldsymbol{x}^{(4)}\|_\infty = 0.046875 < 0.05$ なので求める答は

$$\begin{bmatrix} x_1^{(5)} \\ x_2^{(5)} \end{bmatrix} = \begin{bmatrix} 0.984375 \\ 1.984375 \end{bmatrix}$$

■■■ 演習問題 ■■■■■■■■■■■■■■■■■■■■■■■■■■■

演習問題 4.9 連立方程式

$$\begin{aligned} 5x_1 + x_2 &= 11 \\ x_1 + 4x_2 &= 6 \end{aligned}$$

をヤコビ法で解け．ただし，初期値を $x_1^{(0)} = 1$, $x_2^{(0)} = 1$ とし，収束判定条件を $\|\boldsymbol{x}^{(k+1)} - \boldsymbol{x}^{(k)}\|_\infty < 0.01$ とする．また，各ステップの計算結果は小数点以下第7位まで四捨五入で求めよ．

4.6.2　ガウス・ザイデル法

---――― ガウス・ザイデル法 ―――

定義 4.6．(4.13) において

$$M = -(D+L)^{-1}U, \quad N = (D+L)^{-1}$$

とおいた反復法

$$\boldsymbol{x}^{(k+1)} = D^{-1}(\boldsymbol{b} - L\boldsymbol{x}^{(k+1)} - U\boldsymbol{x}^{(k)}) \quad (4.19)$$

をガウス・ザイデル法という．

---――― ガウス・ザイデル法のアルゴリズム ―――

(4.19) より，$i = 1, 2, \ldots, n$ に対して

$$\begin{aligned}
x_i^{(k+1)} = \frac{1}{a_{ii}}\{b_i \quad &- \quad (a_{i1}x_1^{(k+1)} + \cdots + a_{i,i-1}x_{i-1}^{(k+1)} \\
&+ \quad a_{i,i+1}x_{i+1}^{(k)} + \cdots + a_{in}x_n^{(k)})\} \quad (4.20)
\end{aligned}$$

が成り立つのでガウス・ザイデル法のアルゴリズムは次のようになる．

1. 初期値 $\boldsymbol{x}^{(0)}$ を選ぶ．

2. $k = 1, 2, \ldots$ に対して (4.20) を計算する．

(4.19) よりガウス・ザイデル法はヤコビ法において $x_1, x_2, \ldots, x_n$ に各段階で得られている最新のデータを代入するようにしたものといえる．

―― **ガウス・ザイデル法** ――

問題 4.10. 次の問に答えよ．
(1) ガウス・ザイデル法を用いて

$$2x_1 + x_2 = 4$$
$$x_1 + 2x_2 = 5$$

を解け．ただし，初期値を $x_1^{(0)} = 1.5$, $x_2^{(0)} = 2.5$ とし，収束判定条件を $\|\boldsymbol{x}^{(k+1)} - \boldsymbol{x}^{(k)}\|_\infty < 0.05$ とする．また，各ステップの計算結果は小数点以下第 7 位まで四捨五入で求めよ．(8 点)
(2) (1) で必要となる反復回数を反復行列の最大値ノルムを利用して推定せよ．(4 点)
(3) (1) で必要となる反復回数を反復行列のスペクトル半径を利用して推定せよ．(4 点)

(解答)
(1) ガウス・ザイデル法の反復式

$$x_i^{(k+1)} = \frac{1}{a_{ii}} \Big(b_i - \sum_{j=1}^{i-1} a_{ij} x_j^{(k+1)} - \sum_{j=i+1}^{n} a_{ij} x_j^{(k)} \Big)$$

より，
$$x_1^{(k+1)} = \frac{1}{a_{11}}(b_1 - a_{12} x_2^{(k)}) = \frac{1}{2}(4 - x_2^{(k)}),$$
$$x_2^{(k+1)} = \frac{1}{a_{22}}(b_2 - a_{21} x_1^{(k+1)}) = \frac{1}{2}(5 - x_1^{(k+1)})$$
なので，

$$\begin{bmatrix} x_1^{(1)} \\ x_2^{(1)} \end{bmatrix} = \begin{bmatrix} \frac{1}{2}(4 - x_2^{(0)}) \\ \frac{1}{2}(5 - x_1^{(1)}) \end{bmatrix} = \begin{bmatrix} 0.75 \\ 2.175 \end{bmatrix}, \quad \begin{bmatrix} x_1^{(2)} \\ x_2^{(2)} \end{bmatrix} = \begin{bmatrix} \frac{1}{2}(4 - x_2^{(1)}) \\ \frac{1}{2}(5 - x_1^{(2)}) \end{bmatrix} = \begin{bmatrix} 0.9375 \\ 2.03125 \end{bmatrix},$$

$$\begin{bmatrix} x_1^{(3)} \\ x_2^{(3)} \end{bmatrix} = \begin{bmatrix} \frac{1}{2}(4 - x_2^{(2)}) \\ \frac{1}{2}(5 - x_1^{(3)}) \end{bmatrix} = \begin{bmatrix} 0.984375 \\ 2.0078125 \end{bmatrix}$$

となる．ここで，$\|\bm{x}^{(3)} - \bm{x}^{(2)}\|_\infty = 0.046875 < 0.05$ なので求める答えは

$$\begin{bmatrix} x_1^{(3)} \\ x_2^{(3)} \end{bmatrix} = \begin{bmatrix} 0.984375 \\ 2.0078125 \end{bmatrix}$$

(2) ガウス・ザイデル法の反復行列 M_{GS} は $M_{GS} = -(D+L)^{-1} U$ であり

$$D + L = \begin{bmatrix} 2 & 0 \\ 1 & 2 \end{bmatrix}, \qquad (D+L)^{-1} = \frac{1}{4} \begin{bmatrix} 2 & 0 \\ -1 & 2 \end{bmatrix}$$

なので

$$M_{GS} = -\frac{1}{4} \begin{bmatrix} 2 & 0 \\ -1 & 2 \end{bmatrix} \begin{bmatrix} 0 & 1 \\ 0 & 0 \end{bmatrix} = \frac{1}{4} \begin{bmatrix} 0 & -2 \\ 0 & 1 \end{bmatrix}$$

である．よって，$\|M_{GS}\|_\infty = \frac{1}{2}$ なので，反復回数 N は

$$N > \frac{\log \varepsilon}{\log \|M_{GS}\|_\infty} = \frac{\log(0.05)}{\log(0.5)} = 4.321928 \cdots$$

より 5 回と推定される．

(3)

$$\det(M_{GS} - \lambda I) = \begin{vmatrix} -\lambda & -\frac{1}{2} \\ 0 & \frac{1}{4} - \lambda \end{vmatrix} = \lambda \left(\lambda - \frac{1}{4} \right)$$

なので，これより $\rho(M_{GS}) = \frac{1}{4}$ である．よって反復回数 N は

$$N > \frac{\log \varepsilon}{\log \rho(M_{GS})} = \frac{\log(0.05)}{\log(0.25)} = 2.16096 \cdots$$

なので 3 回と推定される．

【評価基準・注意】==========================

- (1) の答えを求めるのに反復計算を 3 回以上行っていても正解．ただし，反復式が間違っていれば原則として 0 点．また，計算ミスは 1〜4 点減点．
- (2)(3) で計算は合っているが推定反復回数を書いていないものは 2 点減点．
- (2)(3) で反復行列が間違えていれば答えが合っていたとしても原則として 0 点．また，計算ミスも原則として 0 点．
- (3) で固有値の計算を明記していないものは 1〜2 点減点．

- (3) で反復行列 M に対して，$M^t M$ の固有値を計算しているものがあったが，これは $\rho(M)$ ではなく $\|M\|_2$ を求めることになっていることに注意．

■■■ 演習問題 ■■■■■■■■■■■■■■■■■■■■■■■

演習問題 4.10 連立方程式

$$5x_1 - x_2 = 4$$
$$x_1 + 5x_2 = 6$$

を考える．このとき，次の問に答えよ．(16 点)

(1) ガウス・ザイデル法で上記の連立 1 次方程式を解く場合に必要となる反復回数を推定せよ．ただし，収束判定条件を $\|\boldsymbol{x}^{(k+1)} - \boldsymbol{x}^{(k)}\|_\infty < 0.01$ とする．(6 点)

(2) ガウス・ザイデル法を用いて上記の連立 1 次方程式をを解け．ただし，初期値を $x_1^{(0)} = 0$, $x_2^{(0)} = 0$ とし，収束判定条件を $\|\boldsymbol{x}^{(k+1)} - \boldsymbol{x}^{(k)}\|_\infty < 0.01$ とする．また，各ステップの計算結果は小数点以下第 7 位まで四捨五入で求めよ．(10 点)

4.6.3 SOR法

SOR法

定義 4.7． (4.13) において

$$M = (D + \omega L)^{-1}\{(1 - \omega)D - \omega U\}, \quad N = \omega(D + \omega L)^{-1}$$

とおいた反復法

$$x^{(k+1)} = x^{(k)} + \omega(\xi^{(k+1)} - x^{(k)}) \quad (4.21)$$

を **SOR法** という．ただし，

$$\xi^{(k+1)} = D^{-1}(b - Lx^{(k+1)} - Ux^{(k)}) \quad (4.22)$$

(4.22) と (4.19) より，$\xi^{(k+1)}$ はガウス・ザイデル法における $x^{(k+1)}$ と同じであることが分かる．

SOR法は，ガウス・ザイデル法において各ステップで計算された値 $x^{(k+1)}$ を次のステップでそのまま使うのではなく，ガウス・ザイデル法で修正される量 $\xi^{(k+1)} - x^{(k)}$ に1より大きい加速パラメータ ω を掛けて修正量を大きくし，これを $x^{(k)}$ に加える方法であるといえる．また，SOR法は収束するならば，ω が

$$0 < \omega < 2 \quad (4.23)$$

を満たすことが知られている．ただし，SOR法は $\omega = 1$ のときガウス・ザイデル法に一致するので，通常 ω は

$$1 < \omega < 2 \quad (4.24)$$

の範囲で選ぶ．

―― SOR 法のアルゴリズム ――

(4.21) と (4.22) より，$i = 1, 2, \ldots, n$ に対して

$$\begin{aligned}
\xi_i^{(k+1)} &= \frac{1}{a_{ii}} \{ b_i - (a_{i1} x_1^{(k+1)} + \cdots + a_{i,i-1} x_{i-1}^{(k+1)} \\
&\quad + a_{i,i+1} x_{i+1}^{(k)} + \cdots + a_{in} x_n^{(k)}) \} \\
x_i^{(k+1)} &= x_i^{(k)} + \omega (\xi_i^{(k+1)} - x_i^{(k)})
\end{aligned} \qquad (4.25)$$

が成り立つので SOR 法のアルゴリズムは次のようになる．

1. 初期値 $\boldsymbol{x}^{(0)}$ を選ぶ．

2. $k = 1, 2, \ldots$ に対して (4.25) を計算する．

---SOR 法---

問題 4.11. SOR 法を用いて

$$2x_1 + x_2 = 4$$
$$x_1 + 2x_2 = 5$$

を解け．ただし，初期値を $x_1^{(0)} = 1.5$, $x_2^{(0)} = 2.5$ とし，加速パラメータを $\omega = 1.1$ とし，収束判定条件を $\|\boldsymbol{x}^{(k+1)} - \boldsymbol{x}^{(k)}\|_\infty < 0.05$ とする．また，各ステップの計算結果は小数点以下第 7 位まで四捨五入で求めよ．

(解答) (4.25) より

$$\xi_1^{(k+1)} = \frac{1}{a_{11}}(b_1 - a_{12}x_2^{(k)}) = \frac{1}{2}(4 - x_2^{(k)}),\ x_1^{(k+1)} = x_1^{(k)} + \omega(\xi_1^{(k+1)} - x_1^{(k)})$$

$$\xi_2^{(k+1)} = \frac{1}{a_{22}}(b_2 - a_{21}x_1^{(k+1)}) = \frac{1}{2}(5 - x_1^{(k+1)}),\ x_2^{(k+1)} = x_2^{(k)} + \omega(\xi_2^{(k+1)} - x_2^{(k)})$$

なので，

$$\xi_1^{(1)} = \tfrac{1}{2}(4 - x_2^{(0)}) = 0.75,\ x_1^{(1)} = x_1^{(0)} + 1.1(\xi_1^{(1)} - x_1^{(0)}) = 0.675,$$
$$\xi_2^{(1)} = \tfrac{1}{2}(5 - x_1^{(1)}) = 2.1625,\ x_2^{(1)} = x_2^{(0)} + 1.1(\xi_2^{(1)} - x_2^{(0)}) = 2.12875$$

となる．以下同様にして

$$\xi_1^{(2)} = \tfrac{1}{2}(4 - x_2^{(1)}) = 0.935625,$$
$$x_1^{(2)} = x_1^{(1)} + 1.1(\xi_1^{(2)} - x_1^{(1)}) = 0.9616875,$$
$$\xi_2^{(2)} = \tfrac{1}{2}(5 - x_1^{(2)}) = 2.01915625 \approx 2.0191563,$$
$$x_2^{(2)} = x_2^{(1)} + 1.1(\xi_2^{(2)} - x_2^{(1)}) = 2.00819693 \approx 2.0081969,$$
$$\xi_1^{(3)} = \tfrac{1}{2}(4 - x_2^{(2)}) = 0.99590155 \approx 0.9959016,$$
$$x_1^{(3)} = x_1^{(2)} + 1.1(\xi_1^{(3)} - x_1^{(2)}) = 0.99932301 \approx 0.999323,$$
$$\xi_2^{(3)} = \tfrac{1}{2}(5 - x_1^{(3)}) = 2.0003385,$$
$$x_2^{(3)} = x_2^{(2)} + 1.1(\xi_2^{(3)} - x_2^{(2)}) = 1.99955266 \approx 1.9995527,$$

となる．ここで $\|\boldsymbol{x}^{(3)} - \boldsymbol{x}^{(2)}\|_\infty = 0.0376355 < 0.05$ なので，求める答えは

$$\begin{bmatrix} x_1^{(3)} \\ x_2^{(3)} \end{bmatrix} = \begin{bmatrix} 0.999323 \\ 1.9995527 \end{bmatrix}$$

■■■ 演習問題 ■■■■■■■■■■■■■■■■■■■■■■■■■

演習問題 4.11 連立方程式

$$5x_1 + x_2 = 11$$
$$x_1 + 4x_2 = 6$$

を SOR 法で解け．ただし，初期値を $x_1^{(0)} = 1$, $x_2^{(0)} = 1$ とし，加速パラメータを $\omega = 1.1$ とし，収束判定条件を $\|\boldsymbol{x}^{(k+1)} - \boldsymbol{x}^{(k)}\|_\infty < 0.01$ とする．また，各ステップの計算結果は小数点以下第 7 位まで四捨五入で求めよ．

第5章

固有値問題

Section 5.1
固有値と固有ベクトル

---- 行列の固有値・固有ベクトル ----

定義 5.1. 与えられた n 次正方行列 A およびスカラー $\lambda \in \mathbb{C}$ に対し，

$$A\boldsymbol{a} = \lambda \boldsymbol{a} \quad \text{かつ} \quad \boldsymbol{a} \neq \boldsymbol{0} \tag{5.1.2}$$

となる $\boldsymbol{a}$ が存在するとき，$\lambda \in \mathbb{C}$ を A の**固有値**という．また，この $\boldsymbol{a}$ を固有値 λ に属する A の**固有ベクトル**という．

---- 固有値の求め方 ----

定理 5.1. n 次正方行列 A の固有値は，x についての方程式 $\det(A - xE_n) = 0$ の解である．

ここで，$\det A$ は行列 A の行列式を表す．また，$\det A$ は $|A|$ とも表す．なお，実際の計算では，$\det(A - xE_n) = 0$ の代わりに $\det(xE_n - A) = 0$ を使うこともある．

問題 5.1. $A = \begin{bmatrix} 2 & 1 & 1 \\ 1 & 2 & 1 \\ 1 & 1 & 2 \end{bmatrix}$ の固有値, 固有ベクトルを求めよ.

(18 点)

(解答)

$$|A - \lambda E_3| = \begin{bmatrix} 2-\lambda & 1 & 1 \\ 1 & 2-\lambda & 1 \\ 1 & 1 & 2-\lambda \end{bmatrix}$$
$$= -(\lambda^3 - 6\lambda^2 + 9\lambda - 4) = -(\lambda-1)^2(\lambda-4) = 0$$

より, 求める固有値は 1(重複度 2) と 4 である.

固有値 1 に対応する固有ベクトルを求めるために $A\boldsymbol{x} = \boldsymbol{x}$ を考えると,

$$\begin{bmatrix} 2 & 1 & 1 \\ 1 & 2 & 1 \\ 1 & 1 & 2 \end{bmatrix} \begin{bmatrix} x \\ y \\ z \end{bmatrix} = \begin{bmatrix} x \\ y \\ z \end{bmatrix}$$

より, $x + y + z = 0$ なので,

$$\begin{bmatrix} x \\ y \\ z \end{bmatrix} = \begin{bmatrix} x \\ y \\ -x-y \end{bmatrix} = x \begin{bmatrix} 1 \\ 0 \\ -1 \end{bmatrix} + y \begin{bmatrix} 0 \\ 1 \\ -1 \end{bmatrix}$$

である. よって, 固有値 1 に対応する固有ベクトルは, c_1, c_2 を 0 でない任意の定数とすると,

$$c_1 \begin{bmatrix} 1 \\ 0 \\ -1 \end{bmatrix}, \quad c_2 \begin{bmatrix} 0 \\ 1 \\ -1 \end{bmatrix}$$

と選ぶことができる.

固有値 4 に対応する固有ベクトルを求めるために $Ax = 4x$ を考えると,

$$\begin{bmatrix} 2 & 1 & 1 \\ 1 & 2 & 1 \\ 1 & 1 & 2 \end{bmatrix} \begin{bmatrix} x \\ y \\ z \end{bmatrix} = 4 \begin{bmatrix} x \\ y \\ z \end{bmatrix}$$

より, $-2x + y + z = 0, x - 2y + z = 0, x + y - 2z = 0$ なので, 例えば, $x_3 = [1, 1, 1]^t$ と選び, c_3 を 0 でない任意の実数とすると固有ベクトルを

$$\begin{bmatrix} x \\ y \\ z \end{bmatrix} = c_3 \begin{bmatrix} 1 \\ 1 \\ 1 \end{bmatrix}$$

と選ぶことができる.

【評価基準・注意】========================

- 固有値各 3 点, 固有ベクトル各 4 点.

- もちろん $|\lambda E_3 - A|$ を考えてもよい. また, 固有ベクトルは, 解答例以外にも存在する.

============================
■■■ **演習問題** ■■■■■■■■■■■■■■■■■■■■■

演習問題 5.1 $A = \begin{bmatrix} 1 & -1 & -1 \\ -1 & 1 & -1 \\ 1 & 1 & 3 \end{bmatrix}$ の固有値と固有ベクトルを求めよ.

Section 5.2
べき乗法

べき乗法

初期ベクトル $x^{(0)}$ を適当に選び，

$$x^{(k)} = Ax^{(k-1)}$$

を反復して $x^{(1)}, x^{(2)}, \ldots$ を作ると $k \to \infty$ のとき $x^{(k)}$ は行列 A の絶対値最大の固有値に対応する固有ベクトルに収束する．このことを利用して絶対値最大の固有値とそれに対応する固有ベクトルを求める方法を**べき乗法**または**累乗法**という．

レイリー商

ベクトル $x \in \mathbb{R}^n$ の**レイリー商**は，

$$R(x) = \frac{(x, Ax)}{(x, x)} \tag{5.1}$$

で定義される．ここで，$(\cdot, \cdot)$ は実ベクトルの内積である．
固有対 (λ, u) について，

$$R(u) = \lambda \tag{5.2}$$

となるので，固有ベクトルのレイリー商は対応する固有値に一致する．

―― 完全系 ――

定義 5.2. n 個の固有値 $\lambda_1, \lambda_2, \ldots, \lambda_n$ に対する固有ベクトル $\boldsymbol{u}_1, \boldsymbol{u}_2, \ldots, \boldsymbol{u}_n$ が 1 次独立にとれるとき，行列 A の固有ベクトルは完全系をなすという．

このとき，A は対角化可能で固有ベクトルを列ベクトルとして並べた行列 $U = [\boldsymbol{u}_1, \boldsymbol{u}_2, \ldots, \boldsymbol{u}_n]$ に対して

$$A = U\Lambda U^{-1}, \qquad \Lambda = \begin{bmatrix} \lambda_1 & & \\ & \ddots & \\ & & \lambda_n \end{bmatrix} \qquad (5.3)$$

が成り立つ．

―― 近似固有値の誤差評価 ――

定理 5.2. n 次正方行列 A の固有ベクトルは完全系をなすとする．このとき，スカラー σ とベクトル $\boldsymbol{x}(\boldsymbol{x} \neq 0)$ の対 $(\sigma, \boldsymbol{x})$ に対して

$$\|A\boldsymbol{x} - \sigma\boldsymbol{x}\| \leq \varepsilon \|\boldsymbol{x}\| \qquad (\varepsilon > 0) \qquad (5.4)$$

が成り立つならば，

$$\min_{1 \leq i \leq n} |\sigma - \lambda_i| \leq \varepsilon \cdot \mathrm{cond}(U)$$

が成り立つ．ただし，$\mathrm{cond}(U) = \|U\| \cdot \|U^{-1}\|$ である．

── べき乗法のアルゴリズム ──

固有値が実数の場合，べき乗法のアルゴリズムは次のようになる．ただし，$x^{(0)}$ は正規化された初期ベクトルで，ε は誤差基準である．

do while $\|v\|_2^2 - |\lambda^{(k)}|^2 < \varepsilon$

$\qquad v = Ax^{(k)}$

$\qquad \lambda^{(k)} = (x^{(k)}, v)$ 　　：固有値

$\qquad x^{(k+1)} = \dfrac{v}{\|v\|_2}$ 　　：固有ベクトル

end do

べき乗法

問題 5.2. 行列 $\begin{bmatrix} 2 & 1 & 0 \\ 1 & 2 & 1 \\ 0 & 1 & 2 \end{bmatrix}$ を考える．このとき，次の問に答えよ．

(1) 行列 A の固有値を求めよ．(10 点)

(2) A の絶対値最大固有値およびそれに対応する固有ベクトルをべき乗法で求めよ．ただし，初期ベクトルを $\boldsymbol{x}^{(0)} = \dfrac{1}{\sqrt{3}} \begin{bmatrix} 1 \\ 1 \\ 1 \end{bmatrix}$ とし，誤差基準を $\varepsilon = 0.1$ とする．(16 点)

(解答) (1)

$$
\begin{aligned}
|A - \lambda E_3| &= \begin{vmatrix} 2-\lambda & 1 & 0 \\ 1 & 2-\lambda & 1 \\ 0 & 1 & 2-\lambda \end{vmatrix} \\
&= (2-\lambda) \begin{vmatrix} 2-\lambda & 1 \\ 1 & 2-\lambda \end{vmatrix} - \begin{vmatrix} 1 & 1 \\ 0 & 2-\lambda \end{vmatrix} \\
&= (2-\lambda)(\lambda^2 - 4\lambda + 2) = 0
\end{aligned}
$$

より，求める固有値は $\lambda = 2, 2 \pm \sqrt{2}$.

(2)

$k = 0$ のとき，

$$\boldsymbol{v} = A\boldsymbol{x}^{(0)} = \begin{bmatrix} 2 & 1 & 0 \\ 1 & 2 & 1 \\ 0 & 1 & 2 \end{bmatrix} \begin{bmatrix} \frac{1}{\sqrt{3}} \\ \frac{1}{\sqrt{3}} \\ \frac{1}{\sqrt{3}} \end{bmatrix} = \frac{1}{\sqrt{3}} \begin{bmatrix} 3 \\ 4 \\ 3 \end{bmatrix}, \quad \|\boldsymbol{v}\|_2^2 = \frac{1}{3}(9+16+9) = \frac{34}{3},$$

$$\lambda^{(0)} = (\boldsymbol{x}^{(0)}, \boldsymbol{v}) = \frac{1}{3}(3+4+3) = \frac{10}{3}, \quad \|\boldsymbol{v}\|_2^2 - |\lambda^{(0)}|^2 = \frac{34}{3} - \frac{100}{9} = \frac{2}{9} \geq \varepsilon^2,$$

$$x^{(1)} = \frac{v}{\|v\|_2} = \sqrt{\frac{3}{34}} \cdot \frac{1}{\sqrt{3}} \begin{bmatrix} 3 \\ 4 \\ 3 \end{bmatrix} = \frac{1}{\sqrt{34}} \begin{bmatrix} 3 \\ 4 \\ 3 \end{bmatrix}.$$

$k = 1$ のとき,

$$v = Ax^{(1)} = \begin{bmatrix} 2 & 1 & 0 \\ 1 & 2 & 1 \\ 0 & 1 & 2 \end{bmatrix} \begin{bmatrix} \frac{3}{\sqrt{34}} \\ \frac{4}{\sqrt{34}} \\ \frac{3}{\sqrt{34}} \end{bmatrix} = \frac{1}{\sqrt{34}} \begin{bmatrix} 10 \\ 14 \\ 10 \end{bmatrix},$$

$$\|v\|_2^2 = \frac{1}{34}(100 + 196 + 100) = \frac{198}{17},$$

$$\lambda^{(1)} = (x^{(1)}, v) = \frac{1}{34}(30 + 56 + 30) = \frac{58}{17} \approx 3.41176...,$$

$$\|v\|_2^2 - |\lambda^{(1)}|^2 = \frac{198}{17} - \frac{58^2}{17^2} = \frac{2}{289} = 0.00692... < \varepsilon^2.$$

よって,固有値は $\lambda^{(1)} = \frac{58}{17} \approx 3.41176...$ で,固有ベクトルは

$$x^{(2)} = \frac{v}{\|v\|_2} = \sqrt{\frac{17}{198}} \cdot \frac{1}{\sqrt{34}} \begin{bmatrix} 10 \\ 14 \\ 10 \end{bmatrix} = \frac{1}{\sqrt{396}} \begin{bmatrix} 10 \\ 14 \\ 10 \end{bmatrix}.$$

【評価基準・注意】==========================

- (1) は,それぞれの固有値各 3 点.すべて合っていれば 10 点.

- (2) は $k = 0$ の場合,$k = 1$ の場合,各 8 点.

==========================
■■■ 演習問題 ■■■■■■■■■■■■■■■■■■■■■■

演習問題 5.2 $A = \begin{bmatrix} 4 & 1 \\ 1 & 0 \end{bmatrix}$ の絶対値最大固有値およびそれに対応する固有ベクトルをべき乗法で求めよ.ただし,初期ベクトルを $x^{(0)} = \begin{bmatrix} 1 \\ 0 \end{bmatrix}$ とし,誤差基準を $\varepsilon = 0.06$ とする.(10 点)

Section 5.3
逆反復法

逆反復法

行列 A の絶対値最小固有値およびそれに対応する固有ベクトルを求めたければ，A^{-1} にべき乗法を適用すればよい．つまり，

$$x^{(k)} = A^{-1} x^{(k-1)}$$

を反復すればよい．この考えに基づいた反復法を**逆反復法**という．
逆反復法は，他の方法で得られた近似固有対の改良，近似固有値に対応する近似固有ベクトルを求める計算，定められた領域の固有値を求める計算などにも用いられる．

逆反復法のアルゴリズム (反復1回分)

$$\boldsymbol{v} = (A - \hat{\lambda}_i E_n)^{-1} \boldsymbol{y}^{(k)}$$
$$\mu_i = (\boldsymbol{y}^{(k)}, \boldsymbol{v})$$
$$\lambda_i^{(k)} = \hat{\lambda}_i + \frac{1}{\mu_i}$$
$$\boldsymbol{y}^{(k+1)} = \frac{\boldsymbol{v}}{\|\boldsymbol{v}\|_2}$$

この $\hat{\lambda}_i$ を**原点移動量**という．

逆反復法

問題 5.3. 行列 $A = \begin{bmatrix} 1 & -1 & -1 \\ -1 & 1 & -1 \\ 1 & 1 & 3 \end{bmatrix}$ に対して次の問に答えよ.

(1) A の固有値をすべて求めよ. (6点)

(2) A の近似固有値 $\hat{\lambda} = 3$ が与えられたとき,逆反復法を1回適用して $\hat{\lambda}$ を改良せよ. ただし,近似ベクトル $\boldsymbol{y}^{(0)}$ を $\boldsymbol{y}^{(0)} = \dfrac{1}{\sqrt{5}} \begin{bmatrix} 2 \\ 0 \\ -1 \end{bmatrix}$ とする. (10点)

(**解答**) (1) $|A - \lambda E_3| = \begin{vmatrix} 1-\lambda & -1 & -1 \\ -1 & 1-\lambda & -1 \\ 1 & 1 & 3-\lambda \end{vmatrix}$ <u>第2行に第3行を加える</u>

$\begin{vmatrix} 1-\lambda & -1 & -1 \\ 0 & 2-\lambda & 2-\lambda \\ 1 & 1 & 3-\lambda \end{vmatrix}$ <u>第2列から第3列を引く</u> $\begin{vmatrix} 1-\lambda & 0 & -1 \\ 0 & 0 & 2-\lambda \\ 1 & \lambda-2 & 3-\lambda \end{vmatrix}$

<u>第2行で展開</u> $(2-\lambda)(-1)^{2+3} \begin{vmatrix} 1-\lambda & 0 \\ 1 & \lambda-2 \end{vmatrix} = (\lambda-2)^2(1-\lambda).$

$|A - \lambda E_3| = 0$ より,固有値は $\lambda_1 = 1, \lambda_2 = 2$.

(2) $B = A - \hat{\lambda} E_3 = \begin{bmatrix} -2 & -1 & -1 \\ -1 & -2 & -1 \\ 1 & 1 & 0 \end{bmatrix}$

であり,$B\boldsymbol{v} = \boldsymbol{y}^{(0)}$ を例えば掃き出し法で解くと,

$\left[\begin{array}{ccc|c} -2 & -1 & -1 & \frac{2}{\sqrt{5}} \\ -1 & -2 & -1 & 0 \\ 1 & 1 & 0 & -\frac{1}{\sqrt{5}} \end{array}\right] \Longrightarrow \left[\begin{array}{ccc|c} 1 & 0 & 0 & -\frac{3}{2\sqrt{5}} \\ 0 & 1 & 0 & \frac{1}{2\sqrt{5}} \\ 0 & 0 & 1 & \frac{1}{2\sqrt{5}} \end{array}\right]$

よって $v = \dfrac{1}{2\sqrt{5}}\begin{bmatrix} -3 \\ 1 \\ 1 \end{bmatrix}$ であり，$\mu = (y^{(0)}, v) = -\dfrac{7}{10}$ なので，$\lambda = \hat{\lambda} + \dfrac{1}{\mu} \approx 3 - 1.4 = 1.6$ である．

【評価基準・注意】 =========================

- 固有値については部分点なし．

- v までが 8 点，μ と λ が各 1 点．

=====================================
■■■ 演習問題 ■■■■■■■■■■■■■■■■■■■■■■■

演習問題 5.3 $A = \begin{bmatrix} 9 & 10 \\ -6 & -7 \end{bmatrix}$ に対して次の問に答えよ．

(1) A の固有値と固有ベクトルを求めよ．

(2) A の近似固有値 $\hat{\lambda}_2 = 4$ が与えられたとき，逆反復法を 1 回適用して $\hat{\lambda}_2$ を改良せよ．ただし，近似ベクトル $y^{(0)}$ を $y^{(0)} = \dfrac{1}{\sqrt{5}}\begin{bmatrix} -2 \\ 1 \end{bmatrix}$ とする．

第6章

関数近似

Section 6.1
テイラー展開法

―― **テイラーの定理** ――

定理 6.1. $f(x)$ がある区間において n 回微分可能ならば，この区間内の 2 点 $a, b (a \neq b)$ に対して

$$f(b) = f(a) + \frac{f'(a)}{1!}(b-a) + \frac{f''(a)}{2!}(b-a)^2$$
$$+ \cdots + \frac{f^{(n-1)}(a)}{(n-1)!}(b-a)^{n-1} + \frac{f^{(n)}(c)}{n!}(b-a)^n \quad (6.1)$$
$$= \sum_{r=0}^{n-1} \frac{f^{(r)}(a)}{r!}(b-a)^r + R_n$$

を満たす $c(a < c < b$ または $b < c < a)$ が存在する．ただし，$R_n = \dfrac{f^{(n)}(c)}{n!}(b-a)^n$ であり，R_n を (ラグランジュの) **剰余項**という．

―― テイラー展開法 ――

定義 6.1 . (6.1) において $b = x$ とすると,最初の n 項による部分級数は

$$P_{n-1}(x) = \sum_{k=0}^{n-1} \frac{f^{(k)}}{k!}(a)(x-a)^k \qquad (6.2)$$

となる.この $P_{n-1}(x)$ で $f(x)$ を近似する方法をテイラー展開法という.

テイラー展開法による誤差は近似範囲を $|x-a| < r$ とするとき

$$|P_{n-1}(x) - f(x)| = \left|\sum_{k=n}^{\infty} c_k(x-a)^k\right| \leq \sum_{k=n}^{\infty} |c_k| r^k \qquad (6.3)$$

と評価することができる.ただし,$c_k = \dfrac{f^{(k)}(a)}{k!} (k = 0, 1, 2, \ldots)$ である.

また,(6.1) と (6.2) より

$$
\begin{aligned}
|P_{n-1}(x) - f(x)| &= \left|\sum_{k=0}^{n-1} c_k(x-a)^k + \frac{f^{(n)}(c)}{n!}(x-a)^n - \sum_{k=0}^{n-1} c_k(x-a)k\right| \\
&= \left|\frac{f^{(n)}(c)}{n!}(x-a)^n\right|
\end{aligned}
$$

と評価することもできる.ここで,$a < c < x$ または $x < c < a$.

6.1 テイラー展開法

―― テイラー展開法 ――

問題 6.1. $f(x) = \log(1+x)$ は，$-1 < x \leq 1$ でマクローリン展開可能で $f(x) = \sum_{k=1}^{\infty} \dfrac{(-1)^{k-1}}{k} x^k$ である．このとき，$f(x)$ を第 n 項までマクローリン展開し，近似範囲を $|x| \leq \dfrac{1}{2}$ とした場合の (テイラー展開法による) 絶対値誤差を見積もれ．ただし，$f^{(n)}(x) = \dfrac{(-1)^{n-1}(n-1)!}{(1+x)^n}$ を証明せずに利用してもよい．(8 点)

(ヒント) $k=1$ から始まっていることに注意せよ．

(解答) $P_n(x) = \sum_{k=1}^{n} \dfrac{(-1)^{k-1}}{k} x^k$ に対する絶対値誤差は $\xi, x \in [-\tfrac{1}{2}, \tfrac{1}{2}]$ に対して

$$|P_n(x) - f(x)| = \left| \dfrac{f^{(n+1)}(\xi)}{(n+1)!} \right| |x|^{n+1} = \left| \dfrac{1}{(n+1)!} \dfrac{(-1)^n n!}{(1+\xi)^{n+1}} \right| |x|^{n+1}$$

$$\leq \dfrac{1}{n+1} \dfrac{1}{(1-\tfrac{1}{2})^{n+1}} |x|^{n+1} \leq \dfrac{1}{n+1} 2^{n+1} \cdot \dfrac{1}{2^{n+1}} = \dfrac{1}{n+1}$$

【評価基準・注意】=============================

- $\left| \dfrac{1}{(n+1)!} \dfrac{(-1)^n n!}{(1+\xi)^{n+1}} \right| |x|^{n+1}$ が絶対誤差になることが明記されていれば 4 点．
- 項数を勘違いして $P_{n-1}(x)$ を考えているものは 4 点．
- 上記以外は原則として部分点なし．
- $f(x)$ をマクローリン展開したときは (6.2) において $a=0$ になっている．

================================
■■■ 演習問題 ■■■■■■■■■■■■■■■■■■■■■■■■■■

演習問題 6.1 $f(x) = e^x$ を第 n 項までマクローリン展開し，近似範囲を $|x| \leq 1$ とした場合の (テイラー展開法による) 絶対値誤差を見積もれ．

Section 6.2
ラグランジュ補間

― 補間 ―

点 $(x_0, f_0), (x_1, f_1), \ldots, (x_n, f_n)$ が与えられたとき，$x_0 < x < x_n$ の与えられた点以外の関数値を求めることを**補間する**あるいは**内挿する**という．

― 補間多項式 ―

区間 $[a, b]$ の相異なる $n+1$ 個の点 $\{x_k\}_{(0 \leq k \leq n)}$ での関数値

$$f_k = f(x_k), \qquad k = 0, 1, \cdots, n \tag{6.4}$$

が与えられたとき，等式

$$P(x_k) = f_k, \qquad k = 0, 1, \cdots, n \tag{6.5}$$

を満たす多項式 $P(x)$ を $f(x)$ の**補間多項式**という．

― 補間の一意性 ―

定理 6.2． 補間条件

$$P_n(x_k) = f_k, \qquad k = 0, 1, \cdots, n \tag{6.6}$$

を満たす n 次多項式 $P_n(x)$ はただ 1 つに定まる．

―― ラグラジュジュ補間 ――

定理 6.2 より，補間多項式はただ 1 つに定まるが，その表し方はいろいろある．例えば，n 次補間多項式 $P_n(x)$ を次のように構成することができる．

$$\varphi_i(x) = \prod_{k=0, k \neq i} \frac{x - x_k}{x_i - x_k} \qquad (0 \leq i \leq n) \tag{6.7}$$

$$P_n(x) = \sum_{i=0}^{n} f_i \varphi_i(x) \tag{6.8}$$

この表現形式を n 次のラグランジュ補間多項式あるいは単にラグランジュ補間といい，n 次多項式 $\varphi_i(x)$ を基本多項式という．

―― 補間の誤差 ――

定理 6.3．$f \in C^{n+1}[a,b]$ とする．区間 $[a,b]$ 内の n 個の点 $\{x_k\}_{0 \leq k \leq n}$ に対する関数 $f(x)$ の n 次ラグランジュ補間多項式を $P_n(x)$ とする．このとき，任意の $x \in [a,b]$ に対して $\xi \in [a,b]$ が存在し，

$$f(x) - P_n(x) = \frac{f^{(n+1)}(\xi)}{(n+1)!} \omega_n(x), \quad \omega_n(x) = \prod_{k=0}^{n}(x - x_k) \tag{6.9}$$

が成り立つ．また，(6.9) より，

$$\begin{aligned} |f(x) - P_n(x)| &\leq \frac{1}{(n+1)!} \|f^{(n+1)}\|_{C[a,b]} |\omega_n(x)| \\ &\leq \frac{1}{(n+1)!} \|f^{(n+1)}\|_{C[a,b]} \|\omega\|_{C[a,b]} \end{aligned} \tag{6.10}$$

が成り立つ．ただし，$\|g\|_{C[a,b]} = \max_{a \leq x \leq b} |g(x)|, \forall g \in C[a,b]$ である．

ラグランジュ補間

問題 6.2. 次のデータから 3 次のラグランジュ補間多項式 $P_3(x)$ を求めよ. (10 点)

x	-1	0	2	3
y	-1	3	11	27

(解答)

$$\begin{aligned} P_3(x) &= \sum_{k=0}^{3} y_k \varphi_k(x) = y_0 \varphi_0(x) + y_1 \varphi_1(x) + y_2 \varphi_2(x) + y_3 \varphi_3(x) \\ &= -\varphi_0(x) + 3\varphi_1(x) + 11\varphi_2(x) + 27\varphi_3(x) \end{aligned}$$

$$\begin{aligned} \varphi_0(x) &= \frac{x-x_1}{x_0-x_1} \cdot \frac{x-x_2}{x_0-x_2} \cdot \frac{x-x_3}{x_0-x_3} = \frac{x}{-1} \cdot \frac{x-2}{-3} \cdot \frac{x-3}{-4} \\ &= -\frac{1}{12} x(x-2)(x-3) \end{aligned}$$

$$\begin{aligned} \varphi_1(x) &= \frac{x-x_0}{x_1-x_0} \cdot \frac{x-x_2}{x_1-x_2} \cdot \frac{x-x_3}{x_1-x_3} = \frac{x+1}{1} \cdot \frac{x-2}{-2} \cdot \frac{x-3}{-3} \\ &= \frac{1}{6}(x+1)(x-2)(x-3) \end{aligned}$$

$$\begin{aligned} \varphi_2(x) &= \frac{x-x_0}{x_2-x_0} \cdot \frac{x-x_1}{x_2-x_1} \cdot \frac{x-x_3}{x_2-x_3} = \frac{x+1}{3} \cdot \frac{x}{2} \cdot \frac{x-3}{-1} \\ &= -\frac{1}{6} x(x+1)(x-3) \end{aligned}$$

$$\begin{aligned} \varphi_3(x) &= \frac{x-x_0}{x_3-x_0} \cdot \frac{x-x_1}{x_3-x_1} \cdot \frac{x-x_2}{x_3-x_2} = \frac{x+1}{4} \cdot \frac{x}{3} \cdot \frac{x-2}{1} \\ &= \frac{1}{12} x(x+1)(x-2) \end{aligned}$$

よって,

$$\begin{aligned} P_3(x) =\ & \frac{1}{12} x(x-2)(x-3) + \frac{1}{2}(x+1)(x-2)(x-3) \\ & -\frac{11}{6} x(x+1)(x-3) + \frac{27}{12} x(x+1)(x-2) = x^3 - x^2 + 2x + 3 \end{aligned}$$

6.2 ラグランジュ補間

【評価基準・注意】================================

- $\varphi_i(x)(i=0,1,2,3)$ 各 2 点，$P_3(x)$ が 2 点.

================================
■■■ 演習問題 ■■■■■■■■■■■■■■■■■■■■■■■■■■

演習問題 6.2 次のデータから 3 次のラグランジュ補間多項式 $P_3(x)$ を求めよ．

(13 点)

x	2	3	-1	4
y	1	2	3	4

Section 6.3
ニュートン補間

ニュートン補間法

n 次多項式 $P_n(x) = a_n x^n + a_{n-1} x^{n-1} + \cdots + a_1 x + x_0$ と $P_{n-1}(x)$ との関係を明らかにして補間多項式の列

$$P_0(x), P_1(x), \cdots, P_{n-1}(x), P_n(x)$$

を逐次構成する方法を**ニュートン補間法**という.

前進差分公式

$x_0, x_1, \cdots, x_n$ が等間隔 h で並んでいるとき, n 次補間多項式 $Q_n(x)$ は $x = x_0 + \alpha h$ とおくと,

$$\begin{aligned} Q_n(x_0 + \alpha h) = f(x_0) &+ \alpha \Delta f(x_0) + \frac{\alpha(\alpha-1)}{2!} \Delta^2 f(x_0) \\ &+ \cdots + \frac{\alpha(\alpha-1)\cdots(\alpha-n+1)}{n!} \Delta^n f(x_0) \end{aligned} \quad (6.11)$$

と書ける. これを**ニュートンの前進差分公式**という. ただし, $\Delta f(x) = f(x+h) - f(x)$, $\Delta^2 f(x) = \Delta f(x+h) - \Delta f(x)$, $\cdots$, $\Delta^m f(x) = \Delta^{m-1} f(x+h) - \Delta^{m-1} f(x)$ である. なお, これらをそれぞれ, **1 階前進差分**, **2 階前進差分**, $\cdots$, **m 階前進差分**という.

(6.11) の前進差分を計算するときには, 次のような**対角型差分表**を用いると便利である.

x_i	$f(x_i)$	$\Delta f(x_i)$	$\Delta^2 f(x_i)$	$\Delta^3 f(x_i)$
x_0	$\underline{f(x_0)}$			
		$\underline{\Delta f(x_0)}$		
x_1	$f(x_1)$		$\underline{\Delta^2 f(x_0)}$	
		$\Delta f(x_1)$		$\underline{\Delta^3 f(x_0)}$
x_2	$f(x_2)$		$\Delta^2 f(x_1)$	
		$\Delta f(x_2)$		
x_3	$f(x_3)$			
$\vdots$				

ここで, $\Delta f(x_0) = f(x_1) - f(x_0)$, $\Delta^2 f(x_0) = \Delta f(x_1) - \Delta f(x_0)$, $\Delta^3 f(x_0) = \Delta^2 f(x_1) - \Delta^2 f(x_0)$ に注意.

―― ニュートン補間 ――

問題 6.3. 次のデータから 3 次のニュートン補間多項式 $Q_3(x)$ を求めよ. (8 点)

x	0	1	2	3
$f(x)$	-10	-7	2	23

(解答) x は等間隔で並んでいるのでニュートンの前進差分公式を使うことができ, 対角型差分表は次のようになる.

x_i	$f(x_i)$	$\Delta f(x_i)$	$\Delta^2 f(x_i)$	$\Delta^3 f(x_i)$
0	$\underline{-10}$			
		$\underline{3}$		
1	-7		$\underline{6}$	
		9		$\underline{6}$
2	2		12	
		21		
3	23			

$x = x_0 + \alpha h$ より, $\alpha = \frac{x-x_0}{h} = \frac{x}{h} = x$ となることに注意すれば, 求める補間多項式は

$$Q_3(x) = -10 + 3x + 6 \cdot \frac{x(x-1)}{2!} + 6 \cdot \frac{x(x-1)(x-2)}{3!} = x^3 + 2x - 10$$

となる.

【評価基準・注意】==========================

- 計算自体は簡単なので, 原則として部分点なし.

==

■■■ 演習問題 ■■■■■■■■■■■■■■■■■■■■■■■■■■

演習問題 6.3 次のデータからニュートン補間多項式 $Q_2(x)$ を求めよ．

x	0	$\frac{1}{2}$	1
f	0	1	0

Section 6.4
チェビシェフ多項式

n が自然数のとき $\cos n\theta$ は $\cos\theta$ の n 次多項式だから

$$x = \cos\theta$$
$$T_n(x) = \cos n\theta \tag{6.12}$$

とおけば，$T_n(x)$ は閉区間 $[-1,1]$ で定義された n 次多項式になる．(6.12) より $\theta = \cos^{-1} x$ なので

$$T_n(x) = \cos(n\cos^{-1} x) \tag{6.13}$$

であり，定義より

$$|T_n(x)| \leq 1$$

を満たす．この $T_n(x)$ を n 次**チェビシェフ多項式**という．

チェビシェフ多項式の性質

定理 6.4． チェビシェフ多項式は次の漸化式を満たす．

$$\begin{gathered} T_0(x) = 1, \quad T_1(x) = x \\ T_{n+1}(x) = 2xT_n(x) - T_{n-1}(x) \end{gathered} \tag{6.14}$$

チェビシェフ多項式の零点

定理 6.5． $T_n(x)$ の零点は

$$x_i = \cos\frac{2i-1}{2n}\pi, \qquad i = 1, 2, \ldots, n \tag{6.15}$$

であり，$T_n(x)$ は $x_j = \cos\frac{j\pi}{n} (j = 0, 1, \ldots, n, n \geq 2)$ において極値 ± 1 を交互にとる．

閉区間 $[-1, 1]$ で定義された関数 $f(x)$ に対して $T_{n+1}(x)$ の零点 $x_0, x_1, \ldots, x_n$ を補間点とする補間多項式 $P_n(x)$ を

$$P_n(x) = \sum_{j=0}^{n} C_j T_j(x) \tag{6.16}$$

としたとき，$P_n(x)$ を $f(x)$ の n 次の**チェビシェフ補間多項式**という．ただし，

$$\begin{aligned} C_0 &= \frac{1}{n+1} \sum_{k=0}^{n} f(x_k) \\ C_j &= \frac{2}{n+1} \sum_{k=0}^{n} f(x_k) T_j(x_k), \quad j = 1, 2, \ldots, n \end{aligned} \tag{6.17}$$

である．ここで，n 次のチェビシェフ補間多項式 $P_n(x)$ を作るために $n+1$ 次のチェビシェフ多項式 $T_{n+1}(x)$ の零点を利用していることに注意．

$T_n(x)$ を一般の閉区間 $[a, b]$ で考える場合は，変換 $y = \dfrac{b-a}{2} x + \dfrac{a+b}{2}$ を考える．このとき，$[-1, 1]$ 上の分点 $\xi_i (1 \leq i \leq n)$ に対応する $[a, b]$ の分点 ξ_i は

$$\begin{aligned} x_i &= \frac{b-a}{2} \xi_i + \frac{a+b}{2} \\ \xi_i &= \cos \frac{2i-1}{2n} \pi \end{aligned} \tag{6.18}$$

となる．x_i を区間 $[a, b]$ の**チェビシェフ分点**といい，チェビシェフ分点上の補間を**チェビシェフ補間**という．

―――――――― チェビシェフ多項式 ――――――――

問題 6.4. $T_n(x)$ を区間 $[-1, 1]$ で定義された n 次チェビシェフ多項式とする．このとき次の問に答えよ．
(1) $T_3(x)$ を求めよ．(3 点)
(2) $T_3(x)$ に対するチェビシェフ分点を求めよ．(3 点)
(3) $T_3(x)$ を区間 $[0, \frac{1}{2}]$ 上で考えた場合，$T_3(x)$ はどのような式になるか? (4 点)

(**解答**) (1) $T_0(x) = 1$, $T_1(x) = x$, $T_2(x) = 2xT_1(x) - T_0(x) = 2x^2 - 1$
$T_3(x) = 2xT_2(x) - T_1(x) = 2x(2x^2 - 1) - x = 4x^3 - 3x$
(2) $n = 3$ なので，定理 6.5 より $x_i = \cos \dfrac{(2i-1)\pi}{6}$, $(1 \leq i \leq 3)$
(3) $-1 \leq x \leq 1$ のとき，$y = \frac{1}{4}x + \frac{1}{4}$ とすれば $0 \leq y \leq \frac{1}{2}$ となるので，$T_3(x)$ を y の関数に書き換えればよい．
$x = 4y - 1$ を $T_3(x)$ に代入すると，
$T_3(x) = 4(4y-1)^3 - 3(4y-1) = 256y^3 - 192y^2 + 36y - 1$
なので，$[0, \frac{1}{2}]$ で考えた $T_3(x)$ を $\tilde{T}_3(x)$ とすると，
$\tilde{T}_3(x) = 256x^3 - 192x^2 + 36x - 1$
となる．

【評価基準・注意】==========================

- (1)(2) は部分点なし．
- (3) は考え方が合っていれば，2 点程度の部分点を出す．
- $T_3(x) = \cos(3\cos^{-1} x)$ も間違いではないが，多項式として表現した方がよい．
- $x_i = \dfrac{1}{4}\cos\dfrac{(2i-1)}{6}\pi + \dfrac{1}{4}$ $(1 \leq i \leq 3)$ は $\tilde{T}_3(x)$ の零点になっていることに注意．

==
■■■ 演習問題 ■■■■■■■■■■■■■■■■■■■■■■■■

演習問題 6.4 $f(x) = \cos x$ の区間 $[-\frac{\pi}{4}, \frac{\pi}{4}]$ における 5 次チェビシェフ補間の補間点を求めよ．

第7章

常微分方程式

Section 7.1
1階線形微分方程式

変数分離形

微分方程式

$$\frac{dy}{dx} = f(x)g(y) \tag{7.1}$$

を**変数分離形**という．$g(y) \neq 0$ ならば，(7.1) の一般解は次式で与えられる．

$$\int \frac{1}{g(y)} dy = \int f(x) dx + C \qquad C \text{ は任意定数} \tag{7.2}$$

1階線形微分方程式

$$y' + P(x)y = Q(x) \tag{7.3}$$

を **1階線形微分方程式**という．この微分方程式の一般解は，

$$y = e^{-\int P(x)dx} \left\{ \int Q(x) e^{\int P(x)dx} dx + C \right\} \qquad (C \text{ は任意定数}) \tag{7.4}$$

となる．

変数分離形

問題 7.1． 次の微分方程式を解け．ただし，(1) は解を陽形式 $y = f(x)$ の形で求めること．(2) は解が陰関数表示，つまり $G(x, y) = G(x, f(x)) = 0$ と表されていてもよい．

(1) $\dfrac{dy}{dx} = x(1 + y^2)$　（6 点）

(2) $\dfrac{dy}{dx} = \dfrac{2xy}{x^2 - y^2}$,　$(y \neq \pm x, x \neq 0)$　（10 点）

(解答) (1) 与式より，$\dfrac{1}{1+y^2}\dfrac{dy}{dx} = x$ であり，これの両辺を x で積分すると，$\displaystyle\int \dfrac{1}{1+y^2}dy = \int x dx$ より，$\tan^{-1} y = \dfrac{1}{2}x^2 + c$ (c は任意定数) となる．よって，求める解は，$y = \tan\left(\dfrac{1}{2}x^2 + c\right)$．

(2) 与式より，$\dfrac{dy}{dx} = \dfrac{2\frac{y}{x}}{1 - (\frac{y}{x})^2}$ である．ここで，$y = ux$ とおくと，$\dfrac{dy}{dx} = u'x + u$ より，$x\dfrac{du}{dx} + u = \dfrac{2u}{1 - u^2}$ であり，これを整理すると，$x\dfrac{du}{dx} = \dfrac{u(1+u^2)}{1-u^2}$ となる．これより，$\dfrac{1-u^2}{u(1+u^2)}\dfrac{du}{dx} = \dfrac{1}{x}$ なので，この両辺を x で積分すると

$$\int \dfrac{1-u^2}{u(1+u^2)} du = \int \dfrac{1}{x}dx$$

となる．ここで，

$$\int \dfrac{1-u^2}{u(1+u^2)} du = \int \left(\dfrac{1}{u} - \dfrac{2u}{1+u^2}\right) du = \log|u| - \log(1+u^2)$$

なので，

$$\log|u| - \log(1+u^2) = \log|x| + \log c$$

となる．これより，$\dfrac{|u|}{1+u^2} = |x|c$ なので，$\dfrac{u}{1+u^2} = xC$ $(C = \pm c)$ となり，結局，$\dfrac{xy}{x^2+y^2} = Cx$，つまり，$y = C(x^2 + y^2)$ を得る．

【評価基準・注意】================================

- 計算自体は簡単なので原則として部分点なし．ただし，最後まで解答し，最終段階での代入ミスなどによる間違いに対しては部分点を出す場合がある．

- (1) は陽形式で求めていなければ 2 点減点.

- (2) は u が残っていれば 2 点減点.

===================================
■■■ 演習問題 ■■■■■■■■■■■■■■■■■■■■■■

演習問題 7.1 微分方程式 $\dfrac{dy}{dx} = \dfrac{xy}{x-5}$ $(x \neq 5)$ を解け. (5 点)

1 階線形微分方程式

問題 7.2. 次の微分方程式を解け．ただし，(1) は解を陽形式 $y = f(x)$ の形で求めること．なお，(2) は解が陰関数で表されていてもよい．
(1) $\dfrac{dy}{dx} + y = e^{2x}$ （5 点）
(2) $\dfrac{dy}{dx} = xy + e^{-x^2}y^3, \quad y \neq 0$ （7 点）

(解答) ここでは，c は任意定数を表すものとする．

(1)
$$\begin{aligned} y &= e^{-\int dx}\left(\int e^{2x}e^{\int dx}dx + c\right) = e^{-x}\left(\int e^{2x}\cdot e^{x}dx + c\right) \\ &= e^{-x}\left(\int e^{3x}dx + c\right) = e^{-x}\left(\frac{1}{3}e^{3x} + c\right) = \frac{1}{3}e^{2x} + ce^{-x}. \end{aligned}$$

(2) $z = y^{-2}$ とおくと，$z' = -2y^{-3}y' = -2y^{-3}(xy + e^{-x^2}y^3) = -2xy^{-2} - 2e^{-x^2} = -2xz - 2e^{-x^2}$ より，$z' + 2xz = -2e^{-x^2}$ となる．よって，

$$\begin{aligned} z &= e^{-\int 2xdx}\left(\int -2e^{-x^2}e^{\int 2xdx}dx + c\right) = e^{-x^2}\left(\int -2e^{-x^2}e^{x^2}dx + c\right) \\ &= e^{-x^2}\left(\int -2dx + c\right) = e^{-x^2}(-2x + c). \end{aligned}$$

よって，求める解は，$\dfrac{1}{y^2} = e^{-x^2}(-2x+c)$ より，$y^2(-2x+c) = e^{x^2}$ となる．

【評価基準・注意】 ==========================

- 計算自体は簡単なので原則として部分点なし．ただし，最後まで解答し，最終段階での代入ミスなどによる間違いに対しては部分点を出す場合がある．

- (1) は陽形式で求めていなければ 1 点減点．

- (2) は z のままで表している場合は 2 点減点．

- (2) は $e^{-x^2}(-2x+c) = -2e^{-x^2}(x - \frac{1}{2}c) = -2e^{-x^2}(x+C), C = -\frac{1}{2}c$ としてもよい．

==============================

■■■ **演習問題** ■■■■■■■■■■■■■■■■■■■■■■■■■

演習問題 7.2 微分方程式 $y' + y\sin x = y^2 \sin x$ を解け．ただし，結果は陽形式 ($y = f(x)$ の形) で書くこと．(8 点)

(ヒント) $z = y^{-1}$ とおけ．

Section 7.2
常微分方程式の初期値問題

── 常微分方程式の初期値問題 ──

$f(x,y)$ は $a \leq x \leq b$, $y \in \mathbb{R}$ で定義された2変数関数とする．1階の常微分方程式

$$y' = f(x,y) \tag{7.5}$$

において，$\forall x \in [a,b]$ に対して $y' = f(x,y(x))$ となるような C^1 級関数 $y = y(x)$ を常微分方程式 (7.5) の**一般解**または**解**という．y_0 が与えられたとき，$y(a) = y_0$ を満たすような (7.5) の解を求める問題を**常微分方程式の初期値問題**といい，これを

$$y' = f(x,y) \tag{7.6}$$

$$y(a) = y_0 \tag{7.7}$$

で表す．

── コーシーの定理 ──

定理 7.1 . 関数 $f(x,y)$ が $|x - x_0| \leq A$, $|y - y_0| \leq B$ において連続で $|f(x,y)| \leq M$ かつリプシッツ条件

$$|f(x,y) - f(x,z)| \leq L|y - z|, \quad L \text{ は正の定数} \tag{7.8}$$

を満たすならば，初期値問題 (7.6)(7.7) の解は，

$$|x - x_0| \leq r =: \min\{A, \frac{B}{M}\}$$

で存在し，それはただ1つである．

―――― オイラー法 ――――

$y(x)$ の $\tilde{x}$ における値を近似的に求める方法を考える．$[a, \tilde{x}]$ を N 等分し，各分点 x_n を

$$h = \frac{\tilde{x} - a}{N}, \quad x_0 = a, \quad x_n = a + nh (n = 1, 2, \cdots, N)$$

とする．この h を刻み幅という．このとき，$y(x_n)$ の近似を Y_n とすると，オイラー法は次式で与えられる．

$$\begin{aligned} Y_0 &= y_0 \\ Y_n &= Y_{n-1} + hf(x_{n-1}, Y_{n-1}), \quad n = 1, 2, \cdots, N \end{aligned} \quad (7.9)$$

なお，オイラー法を折れ線近似による方法と呼ぶ場合がある．

―――― 局所離散化誤差 ――――

(7.6)(7.7) の解 $y(x)$ をオイラー法

$$\begin{aligned} Y_0 &= y_0 \\ Y_{n+1} &= Y_n + hf(x_n, Y_n), \quad n = 0, 1, 2, \cdots, N-1 \end{aligned} \quad (7.10)$$

で近似すると仮定する．このとき，

$$\tau_{n+1} = \frac{y(x_{n+1}) - y(x_n)}{h} - f(x_n, y(x_n)) \quad (7.11)$$

を (7.10) の局所離散化誤差という．$y''(\xi)$ が x_n の近くで有界とすれば，

$$\tau_{n+1} = \frac{1}{2} h y''(\xi) = O(h), \quad x_n < \xi < x_{n+1} \quad (7.12)$$

となる．

---— 次数 p の精度 ———

$\Phi(x,y)$ はあらかじめ定められている関数とし，近似式

$$Y_0 = y_0$$
$$Y_{n+1} = Y_n + h\Phi(x_n, Y_n), \qquad n = 0, 1, 2, \cdots, N-1 \tag{7.13}$$

を考える．このとき，$y_n = y(x_n)$ とし，Y_n に y_n を代入して，

$$y_{n+1} = y_n + h\Phi(x_n, y_n) + O(h^{p+1}) \tag{7.14}$$

と書けるとき，(7.13) は**次数 p の精度を持つ**または **p 次の精度を持つ**という．ただし，$y = y(x)$ は (7.6)(7.7) の解である．

---— 1 段階法と 2 段階法 ———

2つの値 Y_{n-1} と Y_n を用いて次の Y_{n+1} を求める方法を **2 段階法**という．これに対し，オイラー法のように直前の Y_n だけから Y_{n+1} を求める方法を **1 段階法**という．

---— ホイン法 ———

ホイン法は次数 2 の 1 段解法で，それは次式で与えられる．

$$Y_{n+1} = Y_n + h\Phi(x_n, Y_n), \qquad n = 0, 1, 2, \cdots, N-1$$
$$\Phi(x_n, Y_n) = \frac{1}{2}\bigl(f(x_n, Y_n) + f(x_{n+1}, Y_n + hf(x_n, Y_n))\bigr) \tag{7.15}$$

―― ルンゲ・クッタ法 ――

1段階法で最もよく使われているのが，次数 4 の**ルンゲ・クッタ法**で，それは次の公式で計算する．

$$Y_0 = y_0$$
$$Y_{n+1} = Y_n + h\Phi(x_n, Y_n) \tag{7.16}$$
$$\Phi(x_n, Y_n) = \frac{1}{6}(k_1 + 2k_2 + 2k_3 + k_4)$$

ただし，$k_1 = f(x_n, Y_n)$, $k_2 = f(x_n + \frac{h}{2}, Y_n + \frac{h}{2}k_1)$, $k_3 = f(x_n + \frac{h}{2}, Y_n + \frac{h}{2}k_2)$, $k_4 = f(x_n + h, Y_n + hk_3)$ である．

―― 1 段階法の誤差 ――

定理 7.2. 初期値問題 (7.6)(7.7) に対する次数 p の 1 段階法

$$Y_0 = y_0$$
$$Y_{n+1} = Y_n + h\Phi(x_n, Y_n), \qquad n = 0, 1, 2, \cdots, N-1 \tag{7.17}$$

$$y_{n+1} = y_n + h\Phi(x_n, y_n) + Ah^{p+1} \tag{7.18}$$

が，リプシッツ条件

$$|\Phi(x, y) - \Phi(x, \bar{y})| \le L_1 |y - \bar{y}| \tag{7.19}$$

を満たすとき，その誤差は，

$$\max_{0 \le n \le N} |y_n - Y_n| < \frac{Ah^p}{L_1}(e^{L_1(b-a)} - 1) \le Ch^p \tag{7.20}$$

となる．ここで，A, C は h に無関係な定数である．

―――― オイラー法 ――――

問題 7.3. 初期値問題

$$y' = -xy, \quad y(0) = 1 \qquad (*)$$

を考える．このとき，次の問に答えよ．

(1) $(*)$ の解 (解析解) を求めよ．(4点)

(2) $(*)$ の近似解を $h = 0.1$ として $x = 0.3$ までオイラー法で求め，$x = 0.3$ における真値との絶対値誤差を小数点以下第3位まで求めよ．

(8点)

(**解答**) (1) この微分方程式は変数分離形なので，$\int \frac{1}{y} dy = -\int x dx$ が成り立つ．これより，$\log|y| = -\frac{1}{2}x^2 + C_1$ (C_1 は任意定数) となり，$C = \pm e^{C_1}$ とすると，$y = Ce^{-\frac{1}{2}x^2}$ となる．ここで，$y(0) = 1$ より，$C = 1$ なので，求める解析解は $y = e^{-\frac{1}{2}x^2}$．

(2) オイラー法 (7.9) に次々と値を代入していけばよい．

$x_0 = 0$ のとき，$Y_0 = y_0 = 1$

$x_1 = 0.1$ のとき，$Y_1 = Y_0 + hf(x_0, Y_0) = 1 + 0.1 \times (-0 \times 1) = 1$

$x_2 = 0.2$ のとき，$Y_2 = Y_1 + hf(x_1, Y_1) = 1 + 0.1 \times (-0.1 \times 1) = 0.99$

$x_3 = 0.3$ のとき，$Y_3 = Y_2 + hf(x_2, Y_2) = 0.99 + 0.1 \times (-0.2 \times 0.99) = 0.9702$

$|e^{-\frac{1}{2}x_3^2} - Y_3| = |0.95599748 - 0.9702| = 0.014202... \approx 0.014$

【評価基準・注意】==========================

- (1) は部分点なし．

- (2) は，x_1, x_2, x_3 各ステップ2点．絶対値誤差が2点．

==================================

■■■ 演習問題 ■■■■■■■■■■■■■■■■■■■■■■■■■

演習問題 7.3 初期値問題

$$y' = x + y, \quad y(0) = 1 \qquad (*)$$

を考える．このとき，次の問に答えよ．
(1) $(*)$ の解析解を求めよ．
(2) $(*)$ の近似解を $h = 0.1$ として，$x = 0.2$ までオイラー法で求めよ．

―― ホイン法 ――

問題 7.4. 初期値問題

$$y' = y - x, \quad y(0) = 0 \tag{*}$$

を考える．このとき，次の問に答えよ．
(1) $(*)$ の解（解析解）を求めよ．(5 点)
(2) $(*)$ の近似解を $h = 0.1$ として $x = 0.2$ までホイン法で求め，$x = 0.2$ における真値との絶対値誤差を小数点以下第 4 位まで求めよ．(8 点)

(解答) (1) この微分方程式は，1 階線形微分方程式なので，一般解は

$$y = e^{\int dx} \left\{ \int -x e^{\int -1 dx} dx + C \right\} = e^x \left(\int -x e^{-x} dx + C \right).$$

ここで，

$$\int x e^{-x} dx = -x e^{-x} + \int e^{-x} dx = -x e^{-x} - e^{-x}$$

なので，$y(x) = e^x (x e^{-x} + e^{-x} + C) = x + 1 + C e^x$．

よって，$y(0) = 0$ より $y(0) = 1 + C = 0$ なので $C = -1$ となり，求める解析解は，$y(x) = x + 1 - e^x$ となる．

(2) ホイン法

$$Y_{n+1} = Y_n + \frac{h}{2} \Big(f(x_n, Y_n) + f(x_{n+1}, Y_n + h f(x_n, Y_n)) \Big)$$

に順次値を代入していけばよい．

$x_0 = 0$ のとき，$Y_0 = y_0 = 0$

$x_1 = 0.1$ のとき，

$$\begin{aligned} Y_1 &= Y_0 + \frac{h}{2} \Big(f(x_0, Y_0) + f(x_1, Y_0 + h f(x_0, Y_0)) \Big) \\ &= 0 + 0.05 \times \{(0 - 0) + (0 + 0.1 \times 0 - 0.1)\} = -0.005 \end{aligned}$$

$x_2 = 0.2$ のとき，

$$\begin{aligned}
Y_2 &= Y_1 + \frac{h}{2}\Big(f(x_1, Y_1) + f(x_2, Y_1 + hf(x_1, Y_1))\Big) \\
&= Y_1 + \frac{h}{2}\{(Y_1 - x_1) + (Y_1 + hf((x_1, Y_1))) - x_2\} \\
&= Y_1 + \frac{h}{2}\{(Y_1 - x_1) + (Y_1 + h(Y_1 - x_1)) - x_2\} \\
&= -0.005 + 0.05 \times \{(-0.005 - 0.1) \\
&\quad + (-0.005 + 0.1 \times (-0.005 - 0.1)) - 0.2\} \\
&= -0.005 + 0.05 \times (-0.105 - 0.005 - 0.0105 - 0.2) \\
&= -0.005 - 0.016025 = -0.021025
\end{aligned}$$

また，真値との絶対値誤差は次のようになる．

$$|y(0.2) - Y_2| = |0.2 + 1 - e^{0.2} + 0.021025| = 0.000377758\ldots \approx 0.0004$$

【評価基準・注意】==========================

- (1) は一般解まで求まっていれば 3 点．
- (2) は，Y_1 が 3 点，Y_2 が 4 点．絶対値誤差が 1 点．

==
■■■ 演習問題 ■■■■■■■■■■■■■■■■■■■■■■

演習問題 7.4 初期値問題

$$y' = x + y, \quad y(0) = 1$$

の近似解を $h = 0.1$ として，$x = 0.2$ までホイン法で求めよ．

1 段階法の誤差

問題 7.5. 初期値問題
$$y' = y - x, \quad y(0) = 0, \quad 0 \le x \le 1$$
をオイラー法で計算したときの誤差限界を定理 7.2 に基づいて求めよ。

(8 点)

(解答) オイラー法では，$\Phi(x,y) = f(x,y) = y - x$ なので，
$$|\Phi(x,y) - \Phi(x,\bar{y})| = |y - x - (\bar{y} - x)| = |y - \bar{y}|$$
よりリプシッツ定数を $L_1 = 1$ とできる。

また，オイラー法はテイラー展開の 1 次の項まで一致するので，$y(x) = x + 1 - e^x$ より，$y''(x) = -e^x$ に注意すれば，A を次のように選ぶことができる。
$$A = \max_{0 \le \xi \le 1} |\frac{1}{2} y''(\xi)| = \max_{0 \le \xi \le 1} |\frac{1}{2} e^\xi| = \frac{1}{2} e.$$
次数は $p = 1$ なので，$e_n = |y_n - Y_n|$ とおくと，定理 7.2 より
$$\max_{0 \le n \le N} e_n < \frac{1}{2} eh(e - 1).$$

【評価基準・注意】==========================

- 証明の方針が合っていれば部分点あり。

================================
■■■ 演習問題 ■■■■■■■■■■■■■■■■■■■■■■■■

演習問題 7.5 初期値問題
$$y' = y, \quad y(0) = 1, \quad 0 \le x \le 1$$
をオイラー法およびホイン法で計算したときの誤差限界を定理 7.2 に基づいて求めよ。

―――― ルンゲ・クッタ法 ――――

問題 7.6. 初期値問題

$$y' = y - x, \quad y(0) = 0$$

の近似解を $h = 0.1$ として，$x = 0.1$ までルンゲ・クッタ法で有効数字第 7 桁まで求めよ．(10 点)

(解答) ルンゲ・クッタ法 (7.16) に値を代入していけばよい．

$x = 0$ のとき，$Y_0 = y_0 = 0$

$x = 0.1$ のとき，

$k_1 = f(x_0, Y_0) = Y_0 - x_0 = 0$

$k_2 = f(x_0 + \frac{h}{2}, Y_0 + \frac{h}{2}k_1) = Y_0 + \frac{h}{2}k_1 - (x_0 + \frac{h}{2}) = -\frac{h}{2}(= -0.05)$

$k_3 = f(x_0 + \frac{h}{2}, Y_0 + \frac{h}{2}k_2) = Y_0 + \frac{h}{2}(-\frac{h}{2}) - (x_0 + \frac{h}{2}) = -\frac{h^2}{4} - \frac{h}{2}(= -0.0525)$

$k_4 = f(x_0 + h, Y_0 + hk_3) = Y_0 + hk_3 - (x_0 + h) = -\frac{h^3}{4} - \frac{h^2}{2} - h(= -0.10525)$

よって，

$Y_1 = Y_0 + h\Phi(x_0, Y_0) = 0.1 \times \frac{1}{6}(k_1 + 2k_2 + 2k_3 + k_4) = -0.0051708333 \approx -0.5170833 \times 10^{-1}$．

【評価基準・注意】==========================

- k_1, k_2, k_3, k_4, Y_1，各 2 点．

=======================================
■■■ 演習問題 ■■■■■■■■■■■■■■■■■■■■■■
演習問題 7.6 初期値問題

$$y' = x + y, \quad y(0) = 1$$

の近似解を $h = 0.1$ として，$x = 0.1$ までルンゲ・クッタ法で求めよ．

第8章

数値積分

定積分
$$I = \int_a^b f(x)dx \tag{8.1}$$
を求めるために,分点 $a = x_0 < x_1 < x_2 < \cdots < x_n = b$ をとり,$f_k = f(x_k)$ を通るラグランジュ補間多項式 $P_n(x)$ を考える.このとき,I を
$$I_n = \int_a^b P_n(x)dx$$
で近似すると $P_n(x)$ は多項式だから I_n は容易に求まる.

具体的に
$$P_n(x) = \sum_{k=0}^n f_k \varphi_k(x)$$
と書くと,
$$\int_a^b f(x)dx \approx \int_a^b P_n(x)dx = \sum_{k=0}^n f_k \int_a^b \varphi_k(x)dx = \sum_{k=0}^n \alpha_k f_k \tag{8.2}$$
と書ける.ただし,$\alpha_k = \int_a^b \varphi_k(x)dx$ である.こうして得られた近似積分公式を**ニュートン・コーツ公式**と呼ぶ.なお,分点を等間隔にとったとき,その間隔は $h = \dfrac{b-a}{n}$ である.

台形公式・シンプソンの公式

ニュートン・コーツ公式において，$n=1$ とした，

$$\int_a^b f(x)dx \approx \frac{h}{2}(f_0 + f_1) \tag{8.3}$$

を**台形公式**という．また，$n=2$ とした，

$$\int_a^b f(x)dx \approx \frac{h}{3}(f_0 + 4f_1 + f_2) \tag{8.4}$$

を**シンプソンの公式**という．

複合公式

実際の計算では，閉区間 $[a,b]$ を等分して小区間を作り，各小区間に対し，共通な積分公式を適用する．このようにして得られる積分公式を**複合公式**という．

複合台形公式

閉区間 $[a,b]$ を n 等分して，その分点を x_k とし，各小区間 $[x_k, x_{k+1}]$ で台形公式 (8.3) を適用すると**複合台形公式**（単に，**台形公式**ともいう）

$$\int_a^b f(x)dx \approx \frac{h}{2}\{f_0 + f_n + 2(f_1 + f_2 + \cdots + f_{n-1})\}, \quad h = \frac{b-a}{n} \tag{8.5}$$

を得る．

―― 複合シンプソン公式 ――

閉区間 $[a,b]$ を $2n$ 等分して,その分点を x_{2k} とし,各小区間 $[x_{2k}, x_{2k+2}]$ でシンプソンの公式 (8.4) を適用すると**複合シンプソンの公式** (単に,**シンプソンの公式**ともいう)

$$\int_a^b f(x)dx \approx \frac{h}{3}\{f_0 + f_n + 4(f_1 + f_3 + \cdots + f_{2n-1}) + 2(f_2 + f_4 + \cdots + f_{2n-2})\}, \quad h = \frac{b-a}{2n} \tag{8.6}$$

を得る.

ニュートン・コーツの積分公式

問題 8.1. 閉区間 $[a,b]$ で定義された連続関数を $f(x)$ とし，$[a,b]$ を 3 等分して $h = \dfrac{b-a}{3}$ とする．4 点のニュートン・コーツの積分公式 $Q_4 f$ を

$$Q_4 f = Ch(a_0 f(x_0) + a_1 f(x_1) + a_2 f(x_2) + a_3 f(x_3))$$

とおくとき，C, a_0, a_1, a_2, a_3 を求めよ．ただし，各 $x_i (0 \le i \le 3)$ は $[a,b]$ 上の分点とする．(14 点)

(解答) $t = \dfrac{x - x_0}{h}$ とおくと (8.2) より

$$\alpha_k = \int_a^b \varphi_k(x) dx = h \int_0^3 \prod_{i=0, i \ne k}^3 \frac{t-i}{k-i} dt$$

なので，$\rho_k = \displaystyle\int_0^3 \prod_{i=0, i \ne k}^3 \frac{t-i}{k-i} dt$ とおくと

$$Q_4 f = h \sum_{k=0}^3 \rho_k f(x_k)$$

である．

$$\begin{aligned}
\rho_0 &= \int_0^3 \prod_{i=0, i \ne 0}^3 \frac{t-i}{0-i} dt = \int_0^3 \frac{t-1}{-1} \frac{t-2}{-2} \frac{t-3}{-3} dt \\
&= -\frac{1}{6} \int_0^3 (t^3 - 6t^2 + 11t - 6) dt \\
&= -\frac{1}{6} \left[\frac{1}{4} t^4 - 2t^3 + \frac{11}{2} t^2 - 6t \right]_0^3 = \frac{3}{8}.
\end{aligned}$$

$$\begin{aligned}
\rho_1 &= \int_0^3 \prod_{i=0, i \ne 1}^3 \frac{t-i}{1-i} dt = \int_0^3 \frac{t-0}{1} \frac{t-2}{-1} \frac{t-3}{-2} dt \\
&= \frac{1}{2} \int_0^3 (t^3 - 5t^2 + 6t) dt = \frac{9}{8}.
\end{aligned}$$

$$\begin{aligned}\rho_2 &= \int_0^3 \prod_{i=0, i\neq 2}^{3} \frac{t-i}{2-i}dt = \int_0^3 \frac{t}{2}\frac{t-1}{2-1}\frac{t-3}{2-3}dt \\ &= \int_0^3 \frac{t}{2}(t-1)\frac{t-3}{-1}dt = \frac{9}{8}.\end{aligned}$$

$$\begin{aligned}\rho_3 &= \int_0^3 \prod_{i=0, i\neq 3}^{3} \frac{t-i}{3-i}dt = \int_0^3 \frac{t-0}{3}\frac{t-1}{3-1}\frac{t-2}{3-2}dt \\ &= \int_0^3 \frac{t}{3}\frac{t-1}{2}(t-2)dt = \frac{3}{8}.\end{aligned}$$

よって,

$$Q_4 f = \frac{3}{8}h(f(x_0) + 3f(x_1) + 3f(x_2) + f(x_3))$$

【評価基準・注意】==========================

- $a_i (0 \leq i \leq 3)$ は各 3 点,C は 2 点.
- 考え方が合っていれば部分点を最大 3 点まで出す場合がある.

==================================
■■■ 演習問題 ■■■■■■■■■■■■■■■■■■■■■■■■

演習問題 8.1 閉区間 $[a, b]$ で定義された連続関数を $f(x)$ とし,$[a, b]$ を 2 等分して $h = \dfrac{b-a}{2}$ とする.3 点のニュートン・コーツの積分公式 (シンプソンの公式)$Q_3 f$ を

$$Q_3 f = Ch(a_0 f(x_0) + a_1 f(x_1) + a_2 f(x_2))$$

とおくとき,C, a_0, a_1, a_2 を求めよ.ただし,各 $x_i (0 \leq i \leq 2)$ は $[a, b]$ 上の分点とする.

台形公式・シンプソンの公式

問題 8.2. 閉区間 $[1, 2]$ を 2 等分して $S = \int_1^2 \frac{1}{x^2} dx$ を台形公式およびシンプソンの公式を用いて求めよ．(10 点)

(解答)

台形公式では (8.5) において，$n = 2, h = \frac{1}{2}$ なので $f(x) = \frac{1}{x^2}$ とすると，

$$f_0 = f(1) = 1, \quad f_1 = f(\frac{3}{2}) = \frac{4}{9}, \quad f_2 = f(2) = \frac{1}{4}$$

である．よって，

$$S \approx \frac{1}{2} \cdot \frac{1}{2}(f_0 + f_2 + 2f_1) = \frac{1}{4}(1 + \frac{1}{4} + \frac{8}{9}) = \frac{77}{144} \approx 0.534722...$$

また，シンプソンの公式では (8.6) において，$n = 2, h = \frac{1}{4}$ なので，

$$f_0 = f(1) = 1, \quad f_1 = f(\frac{5}{4}) = \frac{16}{25}, \quad f_2 = f(\frac{6}{4}) = \frac{4}{9},$$
$$f_3 = f(\frac{7}{4}) = \frac{16}{49}, \quad f_4 = f(\frac{8}{4}) = \frac{1}{4}$$

である．よって，

$$\begin{aligned} S &\approx \frac{1}{3} \cdot \frac{1}{4}\{f_0 + f_4 + 4(f_1 + f_3) + 2f_2\} \\ &= \frac{1}{12}\{1 + \frac{1}{4} + 4(\frac{16}{25} + \frac{16}{49}) + \frac{8}{9}\} = \frac{264821}{529200} \approx 0.5004176... \end{aligned}$$

【評価基準・注意】==========================

- 台形公式 4 点，シンプソンの公式 6 点．

- 真値は $\int_1^2 \frac{1}{x^2} dx = \left[-\frac{1}{x}\right]_1^2 = \frac{1}{2}$

==================================

■■■ 演習問題 ■■■■■■■■■■■■■■■■■■■■■■■

演習問題 8.2 定積分 $S = \int_0^1 \dfrac{1}{1+x^2} dx$ を考える.

(1) S を計算せよ (つまり, 真値を求めよ). (5 点)

(2) 閉区間 $[0,1]$ を 2 等分して S の近似値を台形公式およびシンプソンの公式を用いて求めよ. (12 点)

演習問題 8.3 定積分

$$S_1 = \int_0^1 \dfrac{1}{1+x} dx, \qquad S_2 = \int_0^{\frac{1}{2}} \dfrac{1}{\sqrt{1-x^2}} dx$$

を考える. このとき, 次の問に答えよ.

(1) S_1 および S_2 を計算せよ. (各 3 点)

(2) S_1 および S_2 のそれぞれの積分区間 $[0,1]$ および $[0, \frac{1}{2}]$ を 2 等分し, S_1 と S_2 の近似値を台形公式およびシンプソンの公式を用いて小数点以下第 3 位まで求めよ. (S_1 が 10 点, S_2 が 14 点)

第1章の解答

演習問題 1.1

真値を x とし，その近似値を $\hat{x}$ とする．このとき，これらの α 倍を考えると，絶対値誤差は $|\alpha x - \alpha \hat{x}| = \alpha |x - \hat{x}|$ となり，誤差は α 倍される．一方，相対誤差は $\left|\dfrac{\alpha x - \alpha \hat{x}}{\alpha x}\right| = \dfrac{|x - \hat{x}|}{|x|}$ となり，スケールに対して不変であることが分かる．

演習問題 1.2

$\hat{x}_1$ および $\hat{x}_2$ の相対誤差は
$$|e_r(\hat{x}_1)| = \frac{0.01}{1} = 0.01, \qquad |e_r(\hat{x}_2)| = \frac{0.01}{100} = 0.0001$$
なので，それぞれの有効桁数は $-\log_{10}|e_r(\hat{x}_1)| = 2, -\log_{10}|e_r(\hat{x}_2)| = 4$ である．

演習問題 1.3

$|e(\hat{x})| = |\hat{x} - x| = |3.14 - 3.1415926| = 0.0015926 < 0.0016$ より最小の誤差限界は $|\varepsilon(\hat{x})| = 0.0016$ である．

また，$|e_r(\hat{x})| = \dfrac{|e(\hat{x})|}{|x|} = \dfrac{0.0015926}{3.1415926} = 0.00050694 < 0.00051$ なので最小の相対誤差限界は $|\varepsilon_r(\hat{x})| = 0.00051$ である．

演習問題 1.4

$0 < x \ll 1$ のとき，$1 \approx \tan(\frac{\pi}{4} + x)$ なので，$f(x)$ は桁落ちを起こす．これを防ぐためには $\theta = \frac{\pi}{4} + x$ として，
$$1 - \tan\theta = \frac{\cos\theta - \sin\theta}{\cos\theta} = -\frac{\sqrt{2}\sin(\theta - \frac{\pi}{4})}{\cos\theta}$$
より，$f(x) = \dfrac{-\sqrt{2}\sin x}{\cos(\frac{\pi}{4} + x)}$ として計算すればよい．

【評価基準・注意】=========================
- 桁落ちを起こすことを明記していれば 2 点．
- 桁落ちの計算法は和の形，例えば $\dfrac{\cos^2\theta - \sin^2\theta}{\cos\theta(\cos\theta + \sin\theta)} = \dfrac{\cos 2\theta}{\cos\theta(\cos\theta + \sin\theta)}$ としてもよい．ただし，桁落ちが起きない $1 - \tan(x + \frac{\pi}{4}) = 1 - \dfrac{\tan x + \tan\frac{\pi}{4}}{1 - \tan x \tan\frac{\pi}{4}} = \dfrac{-2\tan x}{1 - \tan x}$ としているものも正解とするが，この形は $x = \frac{\pi}{4}$ で桁落ちを起こすことに注意．

==

演習問題 1.5

$|x| \ll 1$ のとき，$1 \approx \cos 2x$ なので，$1 - \cos 2x$ は隣接する 2 数の引き算となり，桁落ちが生じる．

桁落ちが生じないようにするには，$1-\cos 2x = 2\sin^2 x$ を利用して $2\sin^2 x$ を計算すればよい．

演習問題 1.6

x の絶対値が非常に小さいときは $\cos x \approx 1$ となり $1-\cos x$ は近接する 2 つの数の引き算となるため，桁落ちが生じる．

これを回避するには，

$$1 - \cos x = \frac{(1-\cos x)(1+\cos x)}{1+\cos x} = \frac{\sin^2 x}{1+\cos x}$$

として計算すればよい．

演習問題 1.7

$|x| \gg |y|$ のとき $\sqrt{x+y} \approx \sqrt{x}$ となり，$\sqrt{x+y}-\sqrt{x}$ は近接する 2 つの数の引き算となるため，桁落ちが生じる．

これを回避するには

$$\sqrt{x+y} - \sqrt{x} = \frac{y}{\sqrt{x+y}+\sqrt{x}}$$

として計算すればよい．

演習問題 1.8

有効桁数は減るが，正規化数に比べてかなり小さい数を表すことができる．

演習問題 1.9

$$1 + 2^{-53} + 2^{-54} = \left(\frac{1}{2} + \frac{0}{2^2} + \cdots + \frac{0}{2^{53}}\right) \times 2 + \left(\frac{1}{2} + \frac{0}{2^2} + \cdots + \frac{0}{2^{53}}\right) \times 2^{-52}$$
$$+ \left(\frac{1}{2} + \frac{0}{2^2} + \cdots + \frac{0}{2^{53}}\right) \times 2^{-53}$$
$$= \left(\frac{1}{2} + \frac{0}{2^2} + \cdots + \frac{0}{2^{53}} + \frac{1}{2^{54}} + \frac{1}{2^{55}}\right) \times 2$$

ここで，$t=53$ なので，$\frac{1}{2^{55}}$ の影響により，$\frac{1}{2^{54}}$ は四捨五入 (最近点への丸め) により切り上げられる．よって，

$$1 + u = \left(\frac{1}{2} + \frac{0}{2^2} + \cdots + \frac{1}{2^{53}}\right) \times 2 = 1 + 2^{-52}$$

となる．

演習問題 1.10

符号は $s=0$ より正で，指数は $e = E - 1023 = 2^{10} + 2^4 + 2^3 + 2^2 + 2^1 + 2^0 - 1023 = 1055 - 1023 = 32$ で，仮数は $1 + \frac{1}{2^3} + \frac{1}{2^5} = 1.15625$ である．よって求める浮動小数点数は，$1.15625 \times 2^{32} = 4966055936$．

第2章の解答

演習問題 2.1

(1) 次式を整理すればよい．
$$\|\bm{x}-\bm{y}\|_2^2 = (\bm{x}-\bm{y}, \bm{x}-\bm{y}) = \|\bm{x}\|_2^2 - 2(\bm{x},\bm{y}) + \|\bm{y}\|_2^2.$$

(2) (1) において $\bm{y}$ のところに $-\bm{y}$ を代入すれば $\|-\bm{y}\|_2 = \|\bm{y}\|_2$ に注意して
$$\|\bm{x}+\bm{y}\|_2^2 = \|\bm{x}\|_2^2 + 2(\bm{x},\bm{y}) + \|\bm{y}\|_2^2$$
を得る．これに (1) の等式を加えると (2) の等式が得られる．

演習問題 2.2

(N1) $\bm{x}=[x_1,x_2,\cdots,x_n]^t$ に対して，$|x_i| \geq 0$ なので
$$\|\bm{x}\|_1 = \sum_{i=1}^n |x_i| = |x_1|+|x_2|+\cdots+|x_n| \geq 0$$
が成り立つ．また，
$$\|\bm{x}\|_1 = 0 \iff |x_1|=|x_2|=\cdots=|x_n|=0 \iff \bm{x}=[0,0,\ldots,0]^t$$

(N2) α を実数とし，$\bm{x}=[x_1,x_2,\cdots,x_n]^t$ とすると，
$$\|\alpha\bm{x}\|_1 = |\alpha x_1|+|\alpha x_2|+\cdots+|\alpha x_n| = |\alpha|\sum_{i=1}^n |x_i| = |\alpha|\|\bm{x}\|_1$$

(N3) $\bm{x}=[x_1,x_2,\cdots,x_n]^t, \bm{y}=[y_1,y_2,\cdots,y_n]^t$ とすると，
$$\begin{aligned}
\|\bm{x}+\bm{y}\|_1 &= |x_1+y_1|+|x_2+y_2|+\cdots+|x_n+y_n| \\
&\leq |x_1|+|y_1|+\cdots+|x_n|+|x_n| \\
&= \sum_{i=1}^n |x_i| + \sum_{i=1}^n |y_i| = \|\bm{x}\|_1 + \|\bm{y}\|_1.
\end{aligned}$$

演習問題 2.3

任意の $\bm{x}\in\mathbb{R}^n$ に対して，$m\|\bm{x}\|_\infty \leq \|\bm{x}\|_1 \leq M\|\bm{x}\|_\infty$ を満たす $m>0, M>0$ が存在することを示せばよい．

任意のベクトルを $\bm{x}=[x_1,x_2,\cdots,x_n]^t \in \mathbb{R}^n$ とすると
$$\begin{aligned}
\|\bm{x}\|_1 &= \sum_{i=1}^n |x_i| \leq \sum_{i=1}^n \max_{1\leq i\leq n} |x_i| = n\max_{1\leq i\leq n} |x_i| = n\|\bm{x}\|_\infty \\
\|\bm{x}\|_\infty &= \max_{1\leq i\leq n} |x_i| \leq \sum_{i=1}^n |x_i| = \|\bm{x}\|_1
\end{aligned}$$

なので，$\|x\|_\infty \le \|x\|_1 \le n\|x\|_\infty$ が成り立つ．よって，$\|\cdot\|_1$ と $\|\cdot\|_\infty$ は同値である．

演習問題 2.4

ベクトルノルムの同値性より，どれか 1 つのベクトルノルムで示せばよい．
$\|\cdot\|_\infty$ について

$$\|x^{(k)} - x\|_\infty \to 0 \iff \max_{1 \le i \le n} |x_i^{(k)} - x_i| \to 0$$
$$\iff |x_i^{(k)} - x_i| \to 0 \quad (1 \le i \le n) \iff \lim_{k \to \infty} x^{(k)} = x$$

なので，

$$\lim_{k \to \infty} \|x^{(k)} - x\| = 0 \iff \lim_{k \to \infty} x^{(k)} = x$$

が成立する．

演習問題 2.5

A は正規行列なので，あるユニタリ行列 U によって対角化可能である．よって，$U^*AU = diag(\lambda_1, \lambda_2, \ldots, \lambda_n)$ が成立する．ここで，$diag(\lambda_1, \lambda_2, \ldots, \lambda_n)$ は対角成分が $\lambda_1, \lambda_2, \ldots, \lambda_n$ の対角行列を表す．

よって，

$$(U^*AU)^*(U^*AU) = diag(\bar{\lambda}_1, \ldots, \bar{\lambda}_n) diag(\lambda_1, \ldots, \lambda_n)$$

であり，

$$(U^*AU)^*(U^*AU) = U^*A^*UU^*AU = U^*A^*AU$$

なので，$U^*A^*AU = diag(|\lambda_1|^2, \ldots, |\lambda_n|^2)$ が成り立つ．これは，A^*A の固有値が $|\lambda_1|^2, \ldots, |\lambda_n|^2$ であることを示している．

【評価基準・注意】==========================
- 行列を実行列として証明しているものは 5 点．
- $B = A^*A$ とすると，$B^* = A^*A$ なので，$B^*B = (A^*A)^*(A^*A) = A^*AA^*A = BB^*$ となり，A^*A も正規行列であることが分かる．

===================================

演習問題 2.6

$\|x\|_1 = 2 + 1 + 4 + 8 = 15, \ \|x\|_2 = \sqrt{4 + 1 + 16 + 64} = \sqrt{85}, \ \|x\|_\infty = 8.$

演習問題 2.7

$\|x\|_1 = |i| + |3 + 2i| + |4| + |-5| = 1 + \sqrt{13} + 4 + 5 = 10 + \sqrt{13},$
$\|x\|_2 = \sqrt{|i|^2 + |3 + 2i|^2 + |4|^2 + |-5|^2} = \sqrt{1 + 13 + 16 + 25} = \sqrt{55},$
$\|x\|_\infty = \max(|i|, |3 + 2i|, |4|, |-5|) = \max(1, \sqrt{13}, 4, 5) = 5.$

演習問題 2.8

$\|A\|_1 = \max\{2 + 1, 1 + 2 + 1, 1 + 2\} = 4,$
$\|A\|_\infty = \max\{2 + 1, 1 + 2 + 1, 1 + 2\} = 4.$
A の固有値は $2, 2 \pm \sqrt{2}$ であり，A は対称行列なので $\|A\|_2 = \rho(A) = 2 + \sqrt{2}.$

$\|A\|_F = \sqrt{4 + 1 + 1 + 4 + 1 + 1 + 4} = \sqrt{16} = 4.$

演習問題 2.9

行列式は $|A| = (6 - 2) - (9 - 1) = -4$ であり，A の余因子は

$$A_{11} = \begin{vmatrix} 3 & 1 \\ -1 & 2 \end{vmatrix} = 7 \qquad A_{12} = -\begin{vmatrix} 2 & 1 \\ 3 & 2 \end{vmatrix} = -1 \qquad A_{13} = \begin{vmatrix} 2 & 3 \\ 3 & -1 \end{vmatrix} = -11$$

$$A_{21} = -\begin{vmatrix} 0 & 1 \\ -1 & 2 \end{vmatrix} = -1 \qquad A_{22} = \begin{vmatrix} 1 & 1 \\ 3 & 2 \end{vmatrix} = -1 \qquad A_{23} = -\begin{vmatrix} 1 & 0 \\ 3 & -1 \end{vmatrix} = 1$$

$$A_{31} = \begin{vmatrix} 0 & 1 \\ 3 & 1 \end{vmatrix} = -3 \qquad A_{32} = -\begin{vmatrix} 1 & 1 \\ 2 & 1 \end{vmatrix} = 1 \qquad A_{33} = \begin{vmatrix} 1 & 0 \\ 2 & 3 \end{vmatrix} = 3$$

なので A の逆行列は

$$A^{-1} = \frac{1}{|A|} \begin{bmatrix} A_{11} & A_{21} & A_{31} \\ A_{12} & A_{22} & A_{32} \\ A_{13} & A_{23} & A_{33} \end{bmatrix} = -\frac{1}{4} \begin{bmatrix} 7 & -1 & -3 \\ -1 & -1 & 1 \\ -11 & 1 & 3 \end{bmatrix}$$

となる．よって，

$$\begin{aligned}
\|A\|_1 &= \max(1+2+3, 3+1, 1+1+2) = 6, \\
\|A^{-1}\|_1 &= \frac{1}{4}\max(7+1+11, 1+1+1, 3+1+3) = \frac{19}{4} \\
\|A\|_\infty &= \max(1+1, 2+3+1, 3+1+2) = 6, \\
\|A^{-1}\|_\infty &= \frac{1}{4}\max(7+1+3, 1+1+1, 11+1+3) = \frac{15}{4}
\end{aligned}$$

なので，

$$\begin{aligned}
\mathrm{cond}_1(A) &= \|A\|_1 \|A^{-1}\|_1 = 6 \cdot \frac{19}{4} = \frac{57}{2}, \\
\mathrm{cond}_\infty(A) &= \|A\|_\infty \|A^{-1}\|_\infty = 6 \cdot \frac{15}{4} = \frac{45}{2}.
\end{aligned}$$

【評価基準・注意】==========================
- 各ノルム 3 点．条件数が 1 点．すべて合っているときには +1 点．なお，ノルム計算が間違えていても逆行列の計算が合っていれば 7 点．

====================================

演習問題 2.10

$$AA^t = \begin{bmatrix} 5 & 2 \\ 1 & 5 \end{bmatrix} \begin{bmatrix} 5 & 1 \\ 2 & 5 \end{bmatrix} = \begin{bmatrix} 29 & 15 \\ 15 & 26 \end{bmatrix}$$

なので，

$$|AA^t - \lambda I| = \begin{vmatrix} 29-\lambda & 15 \\ 15 & 26-\lambda \end{vmatrix} = \lambda^2 - 55\lambda + 529 = 0$$

より，$\lambda = \dfrac{55 \pm 3\sqrt{101}}{2}$．

よって，

$$\|A\|_2 \|A^{-1}\|_2 = \sqrt{\frac{55 + 3\sqrt{101}}{55 - 3\sqrt{101}}} = \frac{1}{46}(55 + 3\sqrt{101}).$$

演習問題 2.11

$$|A - \lambda I| = \begin{vmatrix} 2-i-\lambda & -i \\ i & 2-i-\lambda \end{vmatrix} = (2-i-\lambda)^2 + i^2$$
$$= \lambda^2 - 2(2-i)\lambda + 2 - 4i = 0$$

を λ について解くと，$\lambda = (2-i) \pm \sqrt{(2-i)^2 - (2-4i)} = (2-i) \pm 1$ なので，A の固有値は $\lambda = 1-i, 3-i$ である．よって，

$$\rho(A) = \max(|1-i|, |3-i|) = \max(\sqrt{2}, \sqrt{10}) = \sqrt{10}.$$

【評価基準・注意】==========================
- 固有値を求めるところまでが 5 点，それ以降が 3 点．
- 計算問題なので原則として部分点なし．解法手順が合っていれば計算ミスの程度により部分点を出す場合がある．

==

演習問題 2.12

λ を A の固有値とし $\boldsymbol{x}$ を対応する固有ベクトルとすると，A は対称行列なので

$$A^t A \boldsymbol{x} = \lambda A^t \boldsymbol{x} = \lambda A \boldsymbol{x} = \lambda^2 \boldsymbol{x}$$

となり，$A^t A$ の固有値は λ^2 であり，$(A^t A)^{-1}$ の固有値は $\frac{1}{\lambda^2}$ であることが分かる．よって，

$$\|A\|_2 = \sqrt{\lambda_{\max}^2} = |\lambda_{\max}|, \qquad \|A^{-1}\|_2 = \sqrt{\frac{1}{\lambda_{\min}^2}} = \left|\frac{1}{\lambda_{\min}}\right|$$

である．ゆえに，

$$\mathrm{cond}_2(A) = \|A\|_2 \|A^{-1}\|_2 = \left|\frac{\lambda_{\max}}{\lambda_{\min}}\right|$$

となる．

演習問題 2.13

$$\|A\boldsymbol{x}\|_\infty = \max_{1 \le i \le n} \left|\sum_{j=1}^n a_{ij} x_j\right| \le \|\boldsymbol{x}\|_\infty \max_{1 \le i \le n} \sum_{j=1}^n |a_{ij}| = \|A\|_\infty \|\boldsymbol{x}\|_\infty.$$

演習問題 2.14

定理 2.1 より，$\rho(A) \le \|A\|$ なので，

$$\|A\|_2 = \sqrt{\rho(A^t A)} \le \sqrt{\|A^t A\|_\infty} \le \sqrt{\|A^t\|_\infty \|A\|_\infty} = \sqrt{\|A\|_1 \|A\|_\infty}.$$

演習問題 2.15

まず，(M1) について示す．(N1) および $\boldsymbol{x} \ne \boldsymbol{0}$ より $\|A\boldsymbol{x}\| \ge 0$, $\|\boldsymbol{x}\| \ne 0$ なので従属ノルムの定義より $\|A\| \ge 0$ である．また，

$$\|A\| = 0 \iff \max_{\boldsymbol{x} \ne \boldsymbol{0}} \frac{\|A\boldsymbol{x}\|}{\|\boldsymbol{x}\|} = 0 \iff \|A\boldsymbol{x}\| = 0 \iff A\boldsymbol{x} = \boldsymbol{0}$$

である．ここで，$A\boldsymbol{x} = \boldsymbol{0}$ は $\boldsymbol{x} \neq \boldsymbol{0}$ となるすべての $\boldsymbol{x} \in \mathbb{R}^n$ について成り立つので $A = O$．

次に (M5) について示す．従属ノルムの定義より $\boldsymbol{x} \neq \boldsymbol{0}$ となる $\boldsymbol{x}$ に対して $\|A\| \geq \frac{\|A\boldsymbol{x}\|}{\|\boldsymbol{x}\|}$ なので $\|A\boldsymbol{x}\| \leq \|A\|\|\boldsymbol{x}\|$ である．

$\boldsymbol{x} = \boldsymbol{0}$ のときは $\|A\boldsymbol{x}\| = 0$，$\|A\boldsymbol{x}\|\|\boldsymbol{x}\| = 0$ となるのですべての $\boldsymbol{x} \in \mathbb{R}^n$ に対して $\|A\boldsymbol{x}\| \leq \|A\|\|\boldsymbol{x}\|$ が成り立つ．

演習問題 2.16

(1) $\|A\|_\infty = \max(100+2+1, 4+3+100) = 107$，$\|A\|_1 = \max(100+4, 2+3, 1+100) = 104$．

(2) 演習問題 2.3 より $\|\boldsymbol{x}\|_1 \leq 3\|\boldsymbol{x}\|_\infty$ が成り立つことに注意すると，次の関係式を得る．

$$\begin{aligned}\|\Delta \boldsymbol{y}\|_1 &= \|A(\boldsymbol{x}+\Delta\boldsymbol{x}) - A\boldsymbol{x}\|_1 = \|A \cdot \Delta\boldsymbol{x}\|_1 \\ &\leq \|A\|_1 \cdot \|\Delta\boldsymbol{x}\|_1 \leq 3\|A\|_1 \cdot \|\Delta\boldsymbol{x}\|_\infty \leq 312\varepsilon.\end{aligned}$$

(3) $312\varepsilon = 10^{-3}$ より $\varepsilon = \dfrac{1}{312000} > 0.0000032$ なので，$\varepsilon \leq 0.0000032$ 程度に抑えればよい．

演習問題 2.17

($\Longrightarrow$) $\forall \boldsymbol{x}, \boldsymbol{y} \in \mathbb{R}^n$ に対して

$$(f_A(\boldsymbol{x}), f_A(\boldsymbol{y})) = (A\boldsymbol{x}, A\boldsymbol{y}) = (A\boldsymbol{x})^t(A\boldsymbol{y}) = \boldsymbol{x}^t A^t A \boldsymbol{y}$$

である．ここで，f_A が直交変換だとすると $(f_A(\boldsymbol{x}), f_A(\boldsymbol{y})) = (\boldsymbol{x}, \boldsymbol{y}) = \boldsymbol{x}^t \boldsymbol{y}$ が成立するので，$A^t A = I$ でなければならない．よって，A は直交行列である．

($\Longleftarrow$) A が直交行列だとすると

$$(f_A(\boldsymbol{x}), f_A(\boldsymbol{y})) = (A\boldsymbol{x}, A\boldsymbol{y}) = (A\boldsymbol{x})^t(A\boldsymbol{y}) = \boldsymbol{x}^t A^t A \boldsymbol{y} = \boldsymbol{x}^t \boldsymbol{y} = (\boldsymbol{x}, \boldsymbol{y})$$

なので f_A は直交変換である．

第3章の解答

演習問題 3.1

(1) $f(-1) = 1/e - 1 < 0$, $f(0) = 1 > 0$ なので中間値の定理より $f(c) = 0$ となる $c \in (-1, 0)$ が存在する.

(2) $g_1'(x) = \frac{1}{2}\sqrt{e^x}$ であり, $x \in I$ において $|g_1'(x)| < 1$ なので g_1 は縮小写像である. よって, 反復関数として $g_1(x)$ を選ぶと縮小写像の原理より反復列 $x_{n+1} = g(x_n)$ は必ず収束する.

$g_2'(x) = e^x - 2x$, $g_2''(x) = e^x - 2$ であり I において $g_2''(x) < 0$ なので, I において $g_2'(x)$ は単調減少である. よって, $|g_2'(x)| \geq e^0 = 1$ なので, g_2 は縮小写像ではない.

以上の考察より, $g_1(x)$ を反復関数として利用するのが適切であるといえる.

【評価基準・注意】========================

- (1) において解の存在を示すには $f(-1) \neq f(0)$ だけでは不十分である. $f(-1) < 0$ かつ $f(0) > 0$ が必要である.
- 「縮小写像であれば必ず収束する」ことが保証されるが,「縮小写像でないときは収束しない」とはいえないことに注意. 縮小写像でなくても収束する場合はある.
- g_1, g_2 のいずれかの考察しか行っていないものは 4 点減点.
- (2) において $|g_1'(x)| < |g_2'(x)|$ を示しただけでは縮小写像の原理に基づいた説明になっていないため不十分である.
- 結論が合っていても理由を書いていないものは 0 点.

================================

演習問題 3.2

(1) 問題 3.2(3) と同様に考えると, $x_1 = g(x_0) = g(-3) \approx -2.3333$, $x_2 = g(x_1) \approx g(-2.3333) \approx -2.0555$, $x_3 = g(x_2) \approx g(-2.0555) \approx -2.0019$, $x_4 = g(x_3) \approx g(-2.0019) \approx -2.0$ となる. ここで, $|x_4 - x_3| = 0.0019 < 0.01$, $|x_3 - x_2| = 0.0536 > 0.01$ なので, 求める近似解は $\tilde{\alpha} = x_4 = -2.0$ である.

(2) 問題 3.2(4) と同様に考えると,

$$m \approx \frac{x_2 - x_3}{x_2 - 2x_3 + x_4} = \frac{-2.0555 - (-2.0019)}{-2.0555 - 2 \times (-2.0019) - 2} \approx 1.0367$$

と推定される.

演習問題 3.3

(1) $f'(x) = 3x^2 - 10x + 3$ より

$$x - \frac{f(x)}{f'(x)} = x - \frac{x^3 - 5x^2 + 3x + 9}{3x^2 - 10x + 3} = \frac{(x-3)(2x^2 + x + 3)}{(x-3)(3x-1)} = \frac{2x^2 + x + 3}{3x - 1}$$

なので，ニュートン法は次のようになる．

$$x_{n+1} = \frac{2x_n^2 + x_n + 3}{3x_n - 1}$$

(2) $g(x) = \frac{2x^2 + x + 3}{3x - 1}$ とおくと，

$$g'(x) = \frac{(4x+1)(3x-1) - 3(2x^2 + x + 3)}{(3x-1)^2} = \frac{2(3x^2 - 2x - 5)}{(3x-1)^2}$$

より，$g'(2.5) = 0.414201 < 1$ なので縮小写像の原理よりニュートン法は収束すると予想される．

(3)
$x_1 = g(x_0) = g(3.5) \approx 3.26316$　　　$x_2 = g(x_1) = g(3.26316) \approx 3.13552$
$x_3 = g(x_2) = g(3.13552) \approx 3.06885$　　　$x_4 = g(x_3) = g(3.06885) \approx 3.03471$
$x_5 = g(x_4) = g(3.03471) \approx 3.01743$　　　$x_6 = g(x_5) = g(3.01743) \approx 3.00873$
ここで，$|x_6 - x_5| = 0.0087 < 0.01$ なので $\hat{\alpha} = 3.00873$ である．

(4) 重複度を m とすると

$$m \approx \frac{x_4 - x_5}{x_4 - 2x_5 + x_6} = \frac{3.03471 - 3.01743}{3.03471 - 2 \times 3.01743 + 3.00873} \approx 2.01399$$

と推定される．

【評価基準・注意】========================

- (3) は x_5 または x_6 を書いていれば正解とする．もちろん，$x_7, x_8, \cdots$ も正解である．
- (2) において $g'(2.5)$ の計算ミスは $g'(x)$ の計算が合っていれば 3 点．
- (2) において考え方が間違えているものは 0 点．例えば，$|g'(2.5)| < 1$ を示さないといけないのに，$g'(2.5)$ が -1 より小さい負の数になっていれば考え方が間違えている．
- (1) は $x_{n+1} = \frac{2x_n^3 - 5x_n^2 - 9}{3x_n^2 - 10x_n + 3}$ としていてもよい．

===

演習問題 3.4

(1) $f(\boldsymbol{x})$ に対するヤコビ行列 $J(\boldsymbol{x})$ は

$$J(\boldsymbol{x}) = \begin{bmatrix} \frac{\partial f_1(\boldsymbol{x})}{\partial x} & \frac{\partial f_1(\boldsymbol{x})}{\partial y} \\ \frac{\partial f_2(\boldsymbol{x})}{\partial x} & \frac{\partial f_2(\boldsymbol{x})}{\partial y} \end{bmatrix} = \begin{bmatrix} 2x - 1 & -2y \\ y - 2 & x - 3 \end{bmatrix}$$

なので，$J(\boldsymbol{x})$ の行列式が 0 でない（つまり $J(\boldsymbol{x})$ が正則）ならば，

$$[J(\boldsymbol{x})]^{-1} = \frac{1}{(2x-1)(x-3) + 2y(y-2)} \begin{bmatrix} x - 3 & 2y \\ -y + 2 & 2x - 1 \end{bmatrix}$$

である．

よって，求めるニュートン反復列は，$x_{n+1} = x_n - [J(x_n)]^{-1}f(x_n)$ より

$$\begin{bmatrix} x_{n+1} \\ y_{n+1} \end{bmatrix} = \begin{bmatrix} x_n \\ y_n \end{bmatrix} - \frac{1}{2x_n^2 - 7x_n + 3 + 2y_n^2 - 2y_n} \begin{bmatrix} x_n - 3 & 2y_n \\ -y_n + 2 & 2x_n - 1 \end{bmatrix} \begin{bmatrix} x_n^2 - y_n^2 - x_n + 4 \\ x_n y_n - 2x_n - 3y_n + 6 \end{bmatrix}$$

となる．

(2)

$$\begin{aligned} x_1 &= x_0 - [J(x_0)]^{-1} f(x_0) \\ &= \begin{bmatrix} 1 \\ 1 \end{bmatrix} + \frac{1}{3} \begin{bmatrix} -2 & 2 \\ 1 & 1 \end{bmatrix} \begin{bmatrix} 3 \\ 2 \end{bmatrix} = \begin{bmatrix} 1 \\ 1 \end{bmatrix} + \begin{bmatrix} -\frac{2}{3} \\ \frac{5}{3} \end{bmatrix} = \begin{bmatrix} \frac{1}{3} \\ \frac{8}{3} \end{bmatrix}. \end{aligned}$$

第4章の解答

演習問題 4.1

$$\begin{bmatrix} 1 & 2 & 1 \\ 3 & 4 & 0 \\ 2 & 10 & 4 \end{bmatrix} \begin{bmatrix} x_1 \\ x_2 \\ x_3 \end{bmatrix} = \begin{bmatrix} 3 \\ 3 \\ 10 \end{bmatrix}$$

(前進消去)
(第 1 段)

$$\begin{bmatrix} 1 & 2 & 1 \\ 0 & -2 & -3 \\ 0 & 6 & 2 \end{bmatrix} \begin{bmatrix} x_1 \\ x_2 \\ x_3 \end{bmatrix} = \begin{bmatrix} 3 \\ -6 \\ 4 \end{bmatrix}$$

(第 2 段)

$$\begin{bmatrix} 1 & 2 & 1 \\ 0 & -2 & -3 \\ 0 & 0 & -7 \end{bmatrix} \begin{bmatrix} x_1 \\ x_2 \\ x_3 \end{bmatrix} = \begin{bmatrix} 3 \\ -6 \\ -14 \end{bmatrix}$$

(後退代入)

$$\begin{aligned} x_3 &= \frac{-14}{-7} = 2 \\ x_2 &= -\frac{1}{2}(-6 + 3 \times 2) = 0 \\ x_1 &= 3 - 2 \times 0 - 2 = 1. \end{aligned}$$

演習問題 4.2

For $k = 1, 2, \cdots, n-1$ <--- $\sum_{k=1}^{n-1}$ と書ける
    For $i = k+1, k+2, \cdots, n$ <--- $\sum_{i=k+1}^{n}$ と書ける
        $\alpha \leftarrow -\dfrac{a_{ik}}{a_{kk}}$
        For $j = k+1, k+2, \cdots, n$ <--- $\sum_{j=k+1}^{n}$ と書ける
            $a_{ij} \leftarrow a_{ij} + \alpha a_{kj}$
        end for
        $b_i \leftarrow b_i + \alpha b_k$
    end for
end for
(乗除算回数)

$$\sum_{k=1}^{n-1}\sum_{i=k+1}^{n}\Big(2+\sum_{j=k+1}^{n}1\Big) = \sum_{k=1}^{n-1}\sum_{i=k+1}^{n}\Big(2+n-k\Big)$$
$$= (2+n)\sum_{k=1}^{n-1}(n-k) - \sum_{k=1}^{n-1}k(n-k)$$
$$= (2+n)\Big(n - \frac{n(n+1)}{2}\Big)$$
$$\qquad -n\frac{n(n-1)}{2} + \frac{(n-1)n(2n-1)}{6}$$
$$= \frac{n^3}{3} + \frac{n^2}{2} - \frac{5}{6}n$$

(加減算回数)
$$\sum_{k=1}^{n-1}\sum_{i=k+1}^{n}\Big(1+\sum_{j=k+1}^{n}1\Big) = \frac{3n(n-1)(n+1)}{6} - \frac{3n^2(n-1)}{6} + \frac{n(n-1)(2n-1)}{6}$$
$$= \frac{n(n^2-n)}{3} = \frac{n^3}{3} - \frac{n^2}{3}.$$

演習問題 4.3

(1) (第 1 段)：第 1 列の最大要素は 5 なので，第 1 行と第 3 行を交換する．

$$\begin{bmatrix} 5 & 7 & 9 \\ 3 & 8 & 7 \\ 2 & 4 & 6 \end{bmatrix}\begin{bmatrix} x_1 \\ x_2 \\ x_3 \end{bmatrix} = \begin{bmatrix} 76 \\ 58 \\ 40 \end{bmatrix}$$

そして，第 1 列の 2 行目以下を 0 にする．

$$\begin{bmatrix} 5 & 7 & 9 \\ 0 & \frac{19}{5} & \frac{8}{5} \\ 0 & \frac{6}{5} & \frac{12}{5} \end{bmatrix}\begin{bmatrix} x_1 \\ x_2 \\ x_3 \end{bmatrix} = \begin{bmatrix} 76 \\ \frac{62}{5} \\ \frac{48}{5} \end{bmatrix}$$

(第 2 段)：第 2 列目の 2 行目以下の最大要素は $\frac{19}{5}$ なので行の交換は必要なく，第 3 行 2 列目の要素を 0 にすると，

$$\begin{bmatrix} 5 & 7 & 9 \\ 0 & \frac{19}{5} & \frac{8}{5} \\ 0 & 0 & \frac{36}{19} \end{bmatrix}\begin{bmatrix} x_1 \\ x_2 \\ x_3 \end{bmatrix} = \begin{bmatrix} 76 \\ \frac{62}{5} \\ \frac{108}{19} \end{bmatrix}$$

(後退代入)：$x_3 = 3$
$x_2 = \frac{5}{19}\big(\frac{62}{5} - \frac{8}{5}\cdot 3\big) = \frac{5}{19}\cdot\frac{38}{5} = 2$
$x_1 = \frac{1}{5}(76 - 7\cdot 2 - 9\cdot 3) = \frac{1}{5}(76 - 14 - 27) = 7.$

第 4 章の解答

【評価基準・注意】================================

- 前進消去が 8 点, 後退代入が 4 点.
- 部分ピボット選択をしていないものは答えが合っていても 5 点. また, 計算ミスがあっても考え方が合っていれば 6 点.
- 計算がしやすいように計算の途中で両辺を 5 倍しているものは正確にはガウス消去法に従っていない (ガウス消去法の過程で計算をしやすいように両辺を定数倍するという操作はない) ので, 3 点程度減点する.
- 前進消去過程で 2×2 行列のように書いているものは答えが合っていても 3〜6 点減点. 表記上に問題がある. あくまで 3×3 行列として扱うべき.
- 説明がなく単なる式の羅列になっているものは 3〜6 点減点.

==

演習問題 4.4

$$\begin{bmatrix} 1 & \frac{1}{\varepsilon} \\ 1 & 1 \end{bmatrix} \begin{bmatrix} x_1 \\ x_2 \end{bmatrix} = \begin{bmatrix} \frac{1}{\varepsilon} + \varepsilon - 1 \\ 1 \end{bmatrix}$$

に対して部分ピボット選択付きガウス消去法の前進消去過程を実行すると次のようになる.

$$\begin{bmatrix} 1 & \frac{1}{\varepsilon} \\ 0 & 1 - \frac{1}{\varepsilon} \end{bmatrix} \begin{bmatrix} x_1 \\ x_2 \end{bmatrix} = \begin{bmatrix} \frac{1}{\varepsilon} + \varepsilon - 1 \\ 2 - \frac{1}{\varepsilon} - \varepsilon \end{bmatrix} \quad (*)$$

ここで, $0 < |\varepsilon| \ll 1$ のとき, $|2 - \varepsilon| \ll \left|-\frac{1}{\varepsilon}\right|, 1 \ll \left|-\frac{1}{\varepsilon}\right|$ となるので, 計算機内では $1 - \frac{1}{\varepsilon} \approx -\frac{1}{\varepsilon}, 2 - \frac{1}{\varepsilon} - \varepsilon \approx -\frac{1}{\varepsilon}$ となる可能性がある. このとき, $(*)$ より

$$x_2 = 1, \quad x_1 = \frac{1}{\varepsilon} + \varepsilon - 1 - \frac{1}{\varepsilon} x_2 = \frac{1}{\varepsilon} + \varepsilon - 1 - \frac{1}{\varepsilon} = \varepsilon - 1 \approx -1$$

となるが, 真の解は $x_1 = \varepsilon, x_2 = 1 - \varepsilon$ なので x_1 は近似解とはいえない.

一方, $(*)$ にスケーリングを適用すると $s_1 = \max_{1 \leq j \leq 2} |a_{1j}| = \left|\frac{1}{\varepsilon}\right|$ なので

$$\begin{bmatrix} \frac{1}{s_1} & \frac{1}{\varepsilon s_1} \\ 1 & 1 \end{bmatrix} \begin{bmatrix} x_1 \\ x_2 \end{bmatrix} = \begin{bmatrix} \frac{1}{s_1}(\frac{1}{\varepsilon} + \varepsilon - 1) \\ 1 \end{bmatrix} \implies \begin{bmatrix} \varepsilon & 1 \\ 1 & 1 \end{bmatrix} \begin{bmatrix} x_1 \\ x_2 \end{bmatrix} = \begin{bmatrix} 1 + \varepsilon^2 - \varepsilon \\ 1 \end{bmatrix}.$$

そして, 部分ピボット選択を行った後に前進消去を実行すると次のようになる.

$$\begin{bmatrix} 1 & 1 \\ \varepsilon & 1 \end{bmatrix} \begin{bmatrix} x_1 \\ x_2 \end{bmatrix} = \begin{bmatrix} 1 \\ 1 + \varepsilon^2 - \varepsilon \end{bmatrix} \implies \begin{bmatrix} 1 & 1 \\ 0 & 1 - \varepsilon \end{bmatrix} \begin{bmatrix} x_1 \\ x_2 \end{bmatrix} = \begin{bmatrix} 1 \\ 1 + \varepsilon^2 - 2\varepsilon \end{bmatrix}$$

$1 - \varepsilon \approx 1, 1 + \varepsilon^2 - 2\varepsilon \approx 1$ なので, $x_2 = 1, x_1 = 1 - x_2 = 0$ となるが, こちらの方がスケーリングをしなかった場合よりも良い近似値であるといえる.

以上のことより, 与えられた連立 1 次方程式を計算機内で安定して解くにはスケーリングした方がよいことが分かる.

演習問題 4.5

求める基本行列は $\begin{bmatrix} 1 & 0 & 0 \\ \alpha & 1 & 0 \\ \beta & 0 & 1 \end{bmatrix}$ であり, これを右から掛けると第 2 列の α 倍と第 3 列の β 倍が第 1 列に加えられる.

演習問題 4.6

(1) 行列 A に左から掛けたとき，第 1 行を -1 倍して第 2 行に，第 1 行を -2 倍して第 3 行に加える行列を G_1 とすると，$G_1 = \begin{bmatrix} 1 & 0 & 0 \\ -1 & 1 & 0 \\ -2 & 0 & 1 \end{bmatrix}$ なので，$G_1 A = \begin{bmatrix} 1 & 0 & 0 \\ -1 & 1 & 0 \\ -2 & 0 & 1 \end{bmatrix} \begin{bmatrix} 1 & 4 & 5 \\ 1 & 6 & 11 \\ 2 & 12 & 25 \end{bmatrix} = \begin{bmatrix} 1 & 4 & 5 \\ 0 & 2 & 6 \\ 0 & 4 & 15 \end{bmatrix}$ となる．

次に，行列 A に左から掛けたとき，第 2 行を -2 倍して第 3 行に加える行列を G_2 とすると，$G_2 = \begin{bmatrix} 1 & 0 & 0 \\ 0 & 1 & 0 \\ 0 & -2 & 1 \end{bmatrix}$ なので，$G_2 G_1 A = \begin{bmatrix} 1 & 0 & 0 \\ 0 & 1 & 0 \\ 0 & -2 & 1 \end{bmatrix} \begin{bmatrix} 1 & 4 & 5 \\ 0 & 2 & 6 \\ 0 & 4 & 15 \end{bmatrix} = \begin{bmatrix} 1 & 4 & 5 \\ 0 & 2 & 6 \\ 0 & 0 & 3 \end{bmatrix} =: U$ となる．

これより，$G = G_2 G_1 = \begin{bmatrix} 1 & 0 & 0 \\ 0 & 1 & 0 \\ 0 & -2 & 1 \end{bmatrix} \begin{bmatrix} 1 & 0 & 0 \\ -1 & 1 & 0 \\ -2 & 0 & 1 \end{bmatrix} = \begin{bmatrix} 1 & 0 & 0 \\ -1 & 1 & 0 \\ 0 & -2 & 1 \end{bmatrix}$ の逆行列を掃き出し法により求めると

$$\left[\begin{array}{ccc|ccc} 1 & 0 & 0 & 1 & 0 & 0 \\ -1 & 1 & 0 & 0 & 1 & 0 \\ 0 & -2 & 1 & 0 & 0 & 1 \end{array} \right] \Longrightarrow \left[\begin{array}{ccc|ccc} 1 & 0 & 0 & 1 & 0 & 0 \\ 0 & 1 & 0 & 1 & 1 & 0 \\ 0 & -2 & 1 & 0 & 0 & 1 \end{array} \right]$$

$$\Longrightarrow \left[\begin{array}{ccc|ccc} 1 & 0 & 0 & 1 & 0 & 0 \\ 0 & 1 & 0 & 1 & 1 & 0 \\ 0 & 0 & 1 & 2 & 2 & 1 \end{array} \right]$$

より，$L = \begin{bmatrix} 1 & 0 & 0 \\ 1 & 1 & 0 \\ 2 & 2 & 1 \end{bmatrix}$ となる．

(2)
$$L\boldsymbol{y} = \boldsymbol{b} \iff \begin{bmatrix} 1 & 0 & 0 \\ 1 & 1 & 0 \\ 2 & 2 & 1 \end{bmatrix} \begin{bmatrix} y_1 \\ y_2 \\ y_3 \end{bmatrix} = \begin{bmatrix} 24 \\ 46 \\ 101 \end{bmatrix}$$

より，$y_1 = 24$, $y_2 = 46 - y_1 = 22$, $y_3 = 101 - 2y_1 - 2y_2 = 9$.

次に
$$U\boldsymbol{x} = \boldsymbol{y} \iff \begin{bmatrix} 1 & 4 & 5 \\ 0 & 2 & 6 \\ 0 & 0 & 3 \end{bmatrix} \begin{bmatrix} x_1 \\ x_2 \\ x_3 \end{bmatrix} = \begin{bmatrix} 24 \\ 22 \\ 9 \end{bmatrix}$$

より，$x_3 = 3$, $x_2 = \frac{1}{2}(22 - 6x_3) = 2$, $x_1 = 24 - 4x_2 - 5x_3 = 1$．

(3) 一度 LU 分解を行ってしまえば，右辺ベクトル $\boldsymbol{b}$ が変わっても後退代入操作のみで連立 1 次方程式 $A\boldsymbol{x} = \boldsymbol{b}$ を解くことができる．

演習問題 4.7

(1) (第1段) 第1行と第2行を入れ換えて前進消去を行う.

$$\begin{bmatrix} 3 & 4 & 0 \\ 1 & 2 & 1 \\ 1 & 5 & 2 \end{bmatrix} \begin{bmatrix} x_1 \\ x_2 \\ x_3 \end{bmatrix} = \begin{bmatrix} 3 \\ 3 \\ 5 \end{bmatrix} \Longrightarrow \begin{bmatrix} 3 & 4 & 0 \\ 0 & \frac{2}{3} & 1 \\ 0 & \frac{11}{3} & 2 \end{bmatrix} \begin{bmatrix} x_1 \\ x_2 \\ x_3 \end{bmatrix} = \begin{bmatrix} 3 \\ 2 \\ 4 \end{bmatrix}$$

(第2段) 第2行と第3行を入れ換えて前進消去を行う.

$$\begin{bmatrix} 3 & 4 & 0 \\ 0 & \frac{11}{3} & 2 \\ 0 & \frac{2}{3} & 1 \end{bmatrix} \begin{bmatrix} x_1 \\ x_2 \\ x_3 \end{bmatrix} = \begin{bmatrix} 3 \\ 4 \\ 2 \end{bmatrix} \Longrightarrow \begin{bmatrix} 3 & 4 & 0 \\ 0 & \frac{11}{3} & 2 \\ 0 & 0 & \frac{7}{11} \end{bmatrix} \begin{bmatrix} x_1 \\ x_2 \\ x_3 \end{bmatrix} = \begin{bmatrix} 3 \\ 4 \\ \frac{14}{11} \end{bmatrix}$$

(後退代入)
$x_3 = 2$, $x_2 = \frac{3}{11}(4-4) = 0$, $x_1 = \frac{1}{3} \cdot 3 = 1$.

(2) U は, (1) より, $U = \begin{bmatrix} 3 & 4 & 0 \\ 0 & \frac{11}{3} & 2 \\ 0 & 0 & \frac{7}{11} \end{bmatrix}$ である.

L を求めるためには, (1) で行った手順を行列で表せばよい.

左から掛けたとき, 第1行と第2行を入れ換える行列 P_1 は $P_1 = \begin{bmatrix} 0 & 1 & 0 \\ 1 & 0 & 0 \\ 0 & 0 & 1 \end{bmatrix}$
であり, 左から掛けたとき, 第1行を $-\frac{1}{3}$ 倍して第2〜3行に加える行列 G_1 は
$G_1 = \begin{bmatrix} 1 & 0 & 0 \\ -\frac{1}{3} & 1 & 0 \\ -\frac{1}{3} & 0 & 1 \end{bmatrix}$ である. また, 第2行と第3行を入れ換える行列 P_2 は
$P_2 = \begin{bmatrix} 1 & 0 & 0 \\ 0 & 0 & 1 \\ 0 & 1 & 0 \end{bmatrix}$ であり, 左から掛けたとき, 第2行を $-\frac{2}{11}$ 倍して第3行に加える行列 G_2 は $G_2 = \begin{bmatrix} 1 & 0 & 0 \\ 0 & 1 & 0 \\ 0 & -\frac{2}{11} & 1 \end{bmatrix}$ である.

$G_2' = G_2$, $G_1' = P_2 G_1 P_2^{-1}$, $L = (G_2' G_1')^{-1} = (G_2 P_2 G_1 P_2^{-1})^{-1}$ であり, $P_2 G_1 P_2^{-1} = G_1$ なので, $L = (G_2 G_1)^{-1}$ である.

$$G_2 G_1 = \begin{bmatrix} 1 & 0 & 0 \\ 0 & 1 & 0 \\ 0 & -\frac{2}{11} & 1 \end{bmatrix} \begin{bmatrix} 1 & 0 & 0 \\ -\frac{1}{3} & 1 & 0 \\ -\frac{1}{3} & 0 & 1 \end{bmatrix} = \begin{bmatrix} 1 & 0 & 0 \\ -\frac{1}{3} & 1 & 0 \\ -\frac{3}{11} & -\frac{2}{11} & 1 \end{bmatrix}$$

掃き出し法で $L = (G_2 G_1)^{-1}$ を求めると,

$$\left[\begin{array}{ccc|ccc} 1 & 0 & 0 & 1 & 0 & 0 \\ -\frac{1}{3} & 1 & 0 & 0 & 1 & 0 \\ -\frac{3}{11} & -\frac{2}{11} & 1 & 0 & 0 & 1 \end{array} \right] \Longrightarrow \left[\begin{array}{ccc|ccc} 1 & 0 & 0 & 1 & 0 & 0 \\ 0 & 1 & 0 & \frac{1}{3} & 1 & 0 \\ 0 & -\frac{2}{11} & 1 & \frac{3}{11} & 0 & 1 \end{array} \right]$$

$$\Longrightarrow \left[\begin{array}{ccc|ccc} 1 & 0 & 0 & 1 & 0 & 0 \\ 0 & 1 & 0 & \frac{1}{3} & 1 & 0 \\ 0 & 0 & 1 & \frac{1}{3} & \frac{2}{11} & 1 \end{array} \right]$$

よって，$L = \begin{bmatrix} 1 & 0 & 0 \\ \frac{1}{3} & 1 & 0 \\ \frac{1}{3} & \frac{2}{11} & 1 \end{bmatrix}$．

【評価基準・注意】==============================
- (1) は前進代入が 7 点，後退代入が 3 点．計算ミスによる部分点は最高 5 点まで．
- U が 3 点，L が 12 点．(2) は計算ミスによる部分点は最高 7 点まで．

==

演習問題 4.8

$$A^{-1} = \frac{1}{0.0006}\begin{bmatrix} 11.201 & -1.4 \\ -4.8 & 0.6 \end{bmatrix} = \begin{bmatrix} \frac{56005}{3} & -\frac{7000}{3} \\ -8000 & 1000 \end{bmatrix} \text{であり,}$$

$$\boldsymbol{x}_1 = A^{-1}\boldsymbol{b}_1 = \begin{bmatrix} 1 \\ 2 \end{bmatrix}, \qquad \boldsymbol{x}_2 = A^{-1}\boldsymbol{b}_2 = \begin{bmatrix} -6 \\ 5 \end{bmatrix}$$

である．また，

$$\|A\|_\infty = \max(0.6 + 1.4, 4.8 + 11.201) = 16.001$$
$$\|A^{-1}\|_\infty = \max(\frac{56005}{3} + \frac{7000}{3}, 8000 + 1000) = \frac{63005}{3} \approx 21002$$

なので，$\mathrm{cond}_\infty(A) = \|A\|_\infty \cdot \|A^{-1}\|_\infty \approx 336053$．
このように A の条件数が大きいと，右辺ベクトル $\boldsymbol{b}_i$ の値が少し異なっただけでも解 $\boldsymbol{x}_i$ が大きく異なることがある．

演習問題 4.9

(4.18) より

$$\begin{bmatrix} x_1^{(1)} \\ x_2^{(1)} \end{bmatrix} = \begin{bmatrix} \frac{11 - x_2^{(0)}}{5} \\ \frac{6 - x_1^{(0)}}{4} \end{bmatrix} = \begin{bmatrix} \frac{11-1}{5} \\ \frac{6-1}{4} \end{bmatrix} = \begin{bmatrix} 2 \\ 1.25 \end{bmatrix}$$

$$\begin{bmatrix} x_1^{(2)} \\ x_2^{(2)} \end{bmatrix} = \begin{bmatrix} \frac{11-1.25}{5} \\ \frac{6-2}{4} \end{bmatrix} = \begin{bmatrix} 1.95 \\ 1 \end{bmatrix}, \quad \begin{bmatrix} x_1^{(3)} \\ x_2^{(3)} \end{bmatrix} = \begin{bmatrix} \frac{11-1}{5} \\ \frac{6-1.95}{4} \end{bmatrix} = \begin{bmatrix} 2 \\ 1.0125 \end{bmatrix}$$

$$\begin{bmatrix} x_1^{(4)} \\ x_2^{(4)} \end{bmatrix} = \begin{bmatrix} \frac{11-1.0125}{5} \\ \frac{6-2}{4} \end{bmatrix} = \begin{bmatrix} 1.9975 \\ 1 \end{bmatrix}$$

$$\begin{bmatrix} x_1^{(5)} \\ x_2^{(5)} \end{bmatrix} = \begin{bmatrix} \frac{11-1}{5} \\ \frac{6-1.9975}{4} \end{bmatrix} = \begin{bmatrix} 2 \\ 1.000625 \end{bmatrix}$$

ここで，$\|\boldsymbol{x}^{(5)} - \boldsymbol{x}^{(4)}\|_\infty = 0.0025 < 0.01$ なので求める答は $\begin{bmatrix} x_1^{(5)} \\ x_2^{(5)} \end{bmatrix} = \begin{bmatrix} 2 \\ 1.000625 \end{bmatrix}$

演習問題 4.10

(1) ガウス・ザイデル法の反復行列 M_{GS} は $M_{GS} = -(D+L)^{-1}U$ であり

$$D + L = \begin{bmatrix} 5 & 0 \\ 1 & 5 \end{bmatrix}, \qquad (D+L)^{-1} = \frac{1}{25}\begin{bmatrix} 5 & 0 \\ -1 & 5 \end{bmatrix}$$

なので
$$M_{GS} = -\frac{1}{25}\begin{bmatrix} 5 & 0 \\ -1 & 5 \end{bmatrix}\begin{bmatrix} 0 & -1 \\ 0 & 0 \end{bmatrix} = \frac{1}{25}\begin{bmatrix} 0 & 5 \\ 0 & -1 \end{bmatrix}$$
である.
$$\det(M_{GS} - \lambda I) = \begin{vmatrix} -\lambda & \frac{1}{5} \\ 0 & -\frac{1}{25} - \lambda \end{vmatrix} = \lambda(\lambda + \frac{1}{25})$$
なので,これより $\rho(M_{GS}) = \frac{1}{25}$ である.よって反復回数 N は
$$N > \frac{\log \varepsilon}{\log \rho(M_{GS})} = \frac{\log(0.01)}{\log(0.04)} = 1.4306765...$$
なので 2 回と推定される.
(2) ガウス・ザイデル法の式
$$x_1^{(k+1)} = \frac{1}{a_{11}}(b_1 - a_{12}x_2^{(k)}) = \frac{1}{5}(4 + x_2^{(k)}),$$
$$x_2^{(k+1)} = \frac{1}{a_{22}}(b_2 - a_{21}x_1^{(k+1)}) = \frac{1}{5}(6 - x_2^{(k)})$$
より

$$\begin{bmatrix} x_1^{(1)} \\ x_2^{(1)} \end{bmatrix} = \begin{bmatrix} \frac{1}{5}(4 + x_2^{(0)}) \\ \frac{1}{5}(6 - x_1^{(1)}) \end{bmatrix} = \begin{bmatrix} 0.8 \\ 1.04 \end{bmatrix}, \quad \begin{bmatrix} x_1^{(2)} \\ x_2^{(2)} \end{bmatrix} = \begin{bmatrix} \frac{1}{5}(4 + x_2^{(1)}) \\ \frac{1}{5}(6 - x_1^{(2)}) \end{bmatrix} = \begin{bmatrix} 1.008 \\ 0.9984 \end{bmatrix},$$
$$\begin{bmatrix} x_1^{(3)} \\ x_2^{(3)} \end{bmatrix} = \begin{bmatrix} \frac{1}{5}(4 + x_2^{(2)}) \\ \frac{1}{5}(6 - x_1^{(3)}) \end{bmatrix} = \begin{bmatrix} 0.99968 \\ 1.000064 \end{bmatrix}.$$

ここで,$\|\boldsymbol{x}^{(3)} - \boldsymbol{x}^{(2)}\|_\infty = 0.00832 < 0.01$ なので,求める答えは
$$\begin{bmatrix} x_1^{(3)} \\ x_2^{(3)} \end{bmatrix} = \begin{bmatrix} 0.99968 \\ 1.000064 \end{bmatrix}$$

【評価基準・注意】==========================
- (1) は最大値ノルム $\|M_{GS}\|_\infty = \frac{1}{5}$ を利用して
$$N > \frac{\log \varepsilon}{\log \|M_{GS}\|} = \frac{\log(0.01)}{\log(0.2)} = 2.861353...$$
より 3 回と推定してもよい.

================================

演習問題 4.11
(4.25) より
$$\xi_1^{(k+1)} = \frac{1}{a_{11}}(b_1 - a_{12}x_2^{(k)}) = \frac{1}{5}(11 - x_2^{(k)}), \ x_1^{(k+1)} = x_1^{(k)} + \omega(\xi_1^{(k+1)} - x_1^{(k)})$$
$$\xi_2^{(k+1)} = \frac{1}{a_{22}}(b_2 - a_{21}x_1^{(k+1)}) = \frac{1}{4}(6 - x_1^{(k+1)}), \ x_2^{(k+1)} = x_2^{(k)} + \omega(\xi_2^{(k+1)} - x_2^{(k)})$$

なので，
$$\xi_1^{(1)} = \tfrac{1}{5}(11 - x_2^{(0)}) = 2, \quad x_1^{(1)} = x_1^{(0)} + 1.1(\xi_1^{(1)} - x_1^{(0)}) = 2.1,$$
$$\xi_2^{(1)} = \tfrac{1}{4}(5 - x_1^{(1)}) = 0.975, \quad x_2^{(1)} = x_2^{(0)} + 1.1(\xi_2^{(1)} - x_2^{(0)}) = 0.9725$$
となる．以下同様にして
$$\xi_1^{(2)} = \tfrac{1}{5}(11 - x_2^{(1)}) = 2.0055,$$
$$x_1^{(2)} = x_1^{(1)} + 1.1(\xi_1^{(2)} - x_1^{(1)}) = 1.99605,$$
$$\xi_2^{(2)} = \tfrac{1}{4}(6 - x_1^{(2)}) = 1.0009875,$$
$$x_2^{(2)} = x_2^{(1)} + 1.1(\xi_2^{(2)} - x_2^{(1)}) = 1.0038363,$$
$$\xi_1^{(3)} = \tfrac{1}{5}(11 - x_2^{(2)}) = 1.9992327,$$
$$x_1^{(3)} = x_1^{(2)} + 1.1(\xi_1^{(3)} - x_1^{(2)}) = 1.999551,$$
$$\xi_2^{(3)} = \tfrac{1}{4}(6 - x_1^{(3)}) = 1.00011225,$$
$$x_2^{(3)} = x_2^{(2)} + 1.1(\xi_2^{(3)} - x_2^{(2)}) = 0.9997398,$$
となる．ここで $\|\boldsymbol{x}^{(3)} - \boldsymbol{x}^{(2)}\|_\infty = 0.0040965 < 0.01$ なので，求める答えは

$$\begin{bmatrix} x_1^{(3)} \\ x_2^{(3)} \end{bmatrix} = \begin{bmatrix} 1.999551 \\ 0.9997398 \end{bmatrix}.$$

第5章の解答

演習問題 5.1

$$|A - \lambda E_3| = \begin{vmatrix} 1-\lambda & -1 & -1 \\ -1 & 1-\lambda & -1 \\ 1 & 1 & 3-\lambda \end{vmatrix}$$

$\underline{\text{第 2 行に第 3 行を加える}}$ $\begin{vmatrix} 1-\lambda & -1 & -1 \\ 0 & 2-\lambda & 2-\lambda \\ 1 & 1 & 3-\lambda \end{vmatrix}$

$\underline{\text{第 2 列から第 3 列を引く}}$ $\begin{vmatrix} 1-\lambda & 0 & -1 \\ 0 & 0 & 2-\lambda \\ 1 & \lambda-2 & 3-\lambda \end{vmatrix}$

$\underline{\text{第 2 行で展開}}$ $(2-\lambda)(-1)^{2+3}\begin{vmatrix} 1-\lambda & 0 \\ 1 & \lambda-2 \end{vmatrix} = (\lambda-2)^2(1-\lambda)$.

$|A - \lambda E_3| = 0$ より,固有値は $\lambda_1 = 1, \lambda_2 = 2$.

$\lambda_1 = 1$ に対する固有ベクトルを求めるために $A\boldsymbol{x} = \boldsymbol{x}$ を考えると,
$\begin{bmatrix} 1 & -1 & -1 \\ -1 & 1 & -1 \\ 1 & 1 & 3 \end{bmatrix}\begin{bmatrix} x_1 \\ x_2 \\ x_3 \end{bmatrix} = \begin{bmatrix} x_1 \\ x_2 \\ x_3 \end{bmatrix}$ より,$\begin{bmatrix} 0 & -1 & -1 \\ -1 & 0 & -1 \\ 1 & 1 & 2 \end{bmatrix}\begin{bmatrix} x_1 \\ x_2 \\ x_3 \end{bmatrix} = \begin{bmatrix} 0 \\ 0 \\ 0 \end{bmatrix}$ なので,$\begin{cases} x_2 + x_3 = 0 \\ x_1 + x_3 = 0 \end{cases}$ より,$\begin{cases} x_2 = -x_3 \\ x_1 = -x_3 \end{cases}$.

よって,固有ベクトルは,$\begin{bmatrix} x_1 \\ x_2 \\ x_3 \end{bmatrix} = \begin{bmatrix} -x_3 \\ -x_3 \\ x_3 \end{bmatrix} = x_3 \begin{bmatrix} -1 \\ -1 \\ 1 \end{bmatrix}$ (x_3 は任意) である.

$\lambda_2 = 2$ に対する固有ベクトルを求めるために $A\boldsymbol{x} = 2\boldsymbol{x}$ を考えると,
$\begin{bmatrix} -1 & -1 & -1 \\ -1 & -1 & -1 \\ 1 & 1 & 1 \end{bmatrix}\begin{bmatrix} x_1 \\ x_2 \\ x_3 \end{bmatrix} = \begin{bmatrix} 0 \\ 0 \\ 0 \end{bmatrix}$ より,$x_1 + x_2 + x_3 = 0$,つまり,$x_3 = -x_1 - x_2$ なので固有ベクトルは
$\begin{bmatrix} x_1 \\ x_2 \\ x_3 \end{bmatrix} = \begin{bmatrix} x_1 \\ x_2 \\ -x_1 - x_2 \end{bmatrix} = x_1 \begin{bmatrix} 1 \\ 0 \\ -1 \end{bmatrix} + x_2 \begin{bmatrix} 0 \\ 1 \\ -1 \end{bmatrix}$ より,$x_1 \begin{bmatrix} 1 \\ 0 \\ -1 \end{bmatrix}$, $x_2 \begin{bmatrix} 0 \\ 1 \\ -1 \end{bmatrix}$
(x_1, x_2 は任意) である.

演習問題 5.2

$k = 0$ のとき,
$\boldsymbol{v} = A\boldsymbol{x}^{(0)} = \begin{bmatrix} 4 & 1 \\ 1 & 0 \end{bmatrix}\begin{bmatrix} 1 \\ 0 \end{bmatrix} = \begin{bmatrix} 4 \\ 1 \end{bmatrix}$, $\|\boldsymbol{v}\|_2^2 = 16 + 1 = 17$, $\lambda^{(0)} = (\boldsymbol{x}^{(0)}, \boldsymbol{v}) =$

$\begin{bmatrix} 1 & 0 \end{bmatrix} \begin{bmatrix} 4 \\ 1 \end{bmatrix} = 4$

$\|\boldsymbol{v}\|_2^2 - |\lambda^{(0)}|^2 = 17 - 16 = 1 \geq \varepsilon^2, \quad \boldsymbol{x}^{(1)} = \dfrac{\boldsymbol{v}}{\|\boldsymbol{v}\|_2} = \dfrac{1}{\sqrt{17}} \begin{bmatrix} 4 \\ 1 \end{bmatrix}$

$k = 1$ のとき,
$\boldsymbol{v} = A\boldsymbol{x}^{(1)} = \begin{bmatrix} 4 & 1 \\ 1 & 0 \end{bmatrix} \begin{bmatrix} \frac{4}{\sqrt{17}} \\ \frac{1}{\sqrt{17}} \end{bmatrix} = \begin{bmatrix} \frac{17}{\sqrt{17}} \\ \frac{4}{\sqrt{17}} \end{bmatrix}, \quad \|\boldsymbol{v}\|_2^2 = \dfrac{17^2}{17} + \dfrac{16}{17} = \dfrac{305}{17},$

$\lambda^{(1)} = (\boldsymbol{x}^{(1)}, \boldsymbol{v}) = \begin{bmatrix} \frac{4}{\sqrt{17}} & \frac{1}{\sqrt{17}} \end{bmatrix} \begin{bmatrix} \frac{17}{\sqrt{17}} \\ \frac{4}{\sqrt{17}} \end{bmatrix} = \dfrac{72}{17},$

$\|\boldsymbol{v}\|_2^2 - |\lambda^{(1)}|^2 = \dfrac{305}{17} - \dfrac{72^2}{17^2} = \dfrac{1}{17^2} = \dfrac{1}{289} \approx 0.00346... < 0.0036 = \varepsilon^2.$
よって求める固有値は $\lambda^{(1)} = \dfrac{72}{17} \approx 4.235294...$

であり,固有ベクトルは $\boldsymbol{x}^{(2)} = \dfrac{\boldsymbol{v}}{\|\boldsymbol{v}\|_2} = \dfrac{\sqrt{17}}{\sqrt{305}} \begin{bmatrix} \frac{17}{\sqrt{17}} \\ \frac{4}{\sqrt{17}} \end{bmatrix} = \dfrac{1}{\sqrt{305}} \begin{bmatrix} 17 \\ 4 \end{bmatrix}$

【評価基準・注意】========================
- $k = 0$ および $k = 1$ の場合,各 5 点.

================================
演習問題 5.3

$$|A - \lambda E_2| = \begin{vmatrix} 9 - \lambda & 10 \\ -6 & -7 - \lambda \end{vmatrix} = (\lambda - 3)(\lambda + 1)$$

より A の固有値は $\lambda_1 = -1, \quad \lambda_2 = 3.$

$\lambda_1 = -1$ に対応する固有ベクトルは $\begin{bmatrix} 9 & 10 \\ -6 & -7 \end{bmatrix} \begin{bmatrix} x_1 \\ x_2 \end{bmatrix} = - \begin{bmatrix} x_1 \\ x_2 \end{bmatrix}$ より $x_1 + x_2 = 0$ なので $\begin{bmatrix} x_1 \\ x_2 \end{bmatrix} = c_1 \begin{bmatrix} 1 \\ -1 \end{bmatrix}$($c_1$ は任意).

また,$\lambda_2 = 3$ に対応する固有ベクトルは $\begin{bmatrix} 9 & 10 \\ -6 & -7 \end{bmatrix} \begin{bmatrix} x_1 \\ x_2 \end{bmatrix} = 3 \begin{bmatrix} x_1 \\ x_2 \end{bmatrix}$ より $3x_1 + 5x_2 = 0$ なので $\begin{bmatrix} x_1 \\ x_2 \end{bmatrix} = c_2 \begin{bmatrix} -5 \\ 3 \end{bmatrix}$($c_2$ は任意).

(2) $B = A - \hat{\lambda}_2 E_2 = \begin{bmatrix} 5 & 10 \\ -6 & -11 \end{bmatrix}$
$B\boldsymbol{v} = \boldsymbol{y}^{(0)}$ を掃き出し法で解くと

$$\left[\begin{array}{cc|c} 5 & 10 & -\frac{2}{\sqrt{5}} \\ -6 & -11 & \frac{1}{\sqrt{5}} \end{array} \right] \Longrightarrow \left[\begin{array}{cc|c} 1 & 0 & \frac{12}{5\sqrt{5}} \\ 0 & 1 & -\frac{7}{5\sqrt{5}} \end{array} \right]$$

より

$$\boldsymbol{v} = \dfrac{1}{5\sqrt{5}} \begin{bmatrix} 12 \\ -7 \end{bmatrix}, \quad \|\boldsymbol{v}\|_2^2 = \dfrac{1}{125}(144 + 49) = \dfrac{193}{125}$$

$\mu_2 = (\boldsymbol{y}^{(0)}, \boldsymbol{v}) = \dfrac{1}{25}(-24 - 7) = -\dfrac{31}{25}, \quad \lambda_2^{(0)} = \hat{\lambda}_2 + \dfrac{1}{\mu_2} = 4 - \dfrac{25}{31} = \dfrac{99}{31} \approx 3.1935483.$

第6章の解答

演習問題 6.1

$P_{n-1}(x) = \sum_{k=0}^{n-1} \dfrac{1}{k!} x^k$ に対する絶対値誤差は，$\xi, x \in [-1, 1]$ に対して

$$|P_{n-1}(x) - f(x)| = \left|\dfrac{f^{(n)}(\xi)}{n!}\right| |x|^n \leq \left|\dfrac{1}{n!} e^{\xi}\right| \leq \dfrac{e}{n!}.$$

演習問題 6.2

$$\begin{aligned}
P_3(x) &= \sum_{k=0}^{3} y_k \varphi_k(x) = y_0 \varphi_0(x) + y_1 \varphi_1(x) + y_2 \varphi_2(x) + y_3 \varphi_3(x) \\
&= \varphi_0(x) + 2\varphi_1(x) + 3\varphi_2(x) + 4\varphi_3(x)
\end{aligned}$$

$$\begin{aligned}
\varphi_0(x) &= \dfrac{x - x_1}{x_0 - x_1} \cdot \dfrac{x - x_2}{x_0 - x_2} \cdot \dfrac{x - x_3}{x_0 - x_3} \\
&= \dfrac{x - 3}{-1} \cdot \dfrac{x + 1}{3} \cdot \dfrac{x - 4}{-2} = \dfrac{1}{6}(x - 3)(x + 1)(x - 4)
\end{aligned}$$

$$\begin{aligned}
\varphi_1(x) &= \dfrac{x - x_0}{x_1 - x_0} \cdot \dfrac{x - x_2}{x_1 - x_2} \cdot \dfrac{x - x_3}{x_1 - x_3} \\
&= \dfrac{x - 2}{1} \cdot \dfrac{x + 1}{4} \cdot \dfrac{x - 4}{-1} = -\dfrac{1}{4}(x - 2)(x + 1)(x - 4)
\end{aligned}$$

$$\begin{aligned}
\varphi_2(x) &= \dfrac{x - x_0}{x_2 - x_0} \cdot \dfrac{x - x_1}{x_2 - x_1} \cdot \dfrac{x - x_3}{x_2 - x_3} \\
&= \dfrac{x - 2}{-3} \cdot \dfrac{x - 3}{-4} \cdot \dfrac{x - 4}{-5} = -\dfrac{1}{60}(x - 2)(x - 3)(x - 4)
\end{aligned}$$

$$\begin{aligned}
\varphi_3(x) &= \dfrac{x - x_0}{x_3 - x_0} \cdot \dfrac{x - x_1}{x_3 - x_1} \cdot \dfrac{x - x_2}{x_3 - x_2} \\
&= \dfrac{x - 2}{2} \cdot \dfrac{x - 3}{1} \cdot \dfrac{x + 1}{5} = \dfrac{1}{10}(x - 2)(x - 3)(x + 1)
\end{aligned}$$

よって，

$$P_3(x) = \frac{1}{6}(x-3)(x+1)(x-4) - \frac{1}{2}(x-2)(x+1)(x-4)$$
$$- \frac{1}{20}(x-2)(x-3)(x-4) + \frac{2}{5}(x-2)(x-3)(x+1)$$
$$= \frac{1}{60}(x^3 + 21x^2 - 64x + 96)$$

【評価基準・注意】==========================
- $\varphi_i(x) (i = 0, 1, 2, 3)$ 各 2 点，$P_3(x)$ が 5 点 (5 点のうち式の整理が 3 点).

==

演習問題 6.3

$x = x_0 + \alpha h$ より，$\alpha = \frac{x - x_0}{h} = \frac{x}{h} = 2x$ となることに注意すれば，求める補間多項式は

$$Q_2(x) = Q_2(x_0 + \alpha h)$$
$$= f(x_0) + \alpha \Delta f(x_0) + \frac{\alpha(\alpha-1)}{2}\Delta^2 f(x_0)$$
$$= \alpha(f(x_0 + h) - f(x_0)) + \frac{\alpha(\alpha-1)}{2}(f(x_0 + 2h) - 2f(x_0 + h) + f(x_0))$$
$$= \alpha - \alpha(\alpha - 1) = 4x(1-x)$$

なお，x は等間隔で並んでいるので問題 6.3 と同様にニュートンの前進差分公式を使うことができ，対角型差分表は次のようになる．

x_i	$f(x_i)$	$\Delta f(x_i)$	$\Delta^2 f(x_i)$
0	$\underline{0}$		
		$\underline{1}$	
$\frac{1}{2}$	1		$\underline{-2}$
		-1	
1	0		

$x = x_0 + \alpha h$ より，$\alpha = \frac{x - x_0}{h} = \frac{x}{h} = 2x$ となることに注意すれば，求める補間多項式は

$$Q_2(x) = 0 + \alpha + \frac{\alpha(\alpha-1)}{2} \times (-2)$$
$$= \alpha - \alpha(\alpha-1) = 4x(1-x)$$

となる．

演習問題 6.4

(6.18) より

$$x_i = \frac{1}{2} \cdot \frac{\pi}{2} \cos \frac{(2i-1)}{12}\pi = \frac{\pi}{4} \cos \frac{(2i-1)}{12}\pi \quad (1 \leq i \leq 6).$$

第7章の解答

演習問題 7.1

与式より，
$$\frac{1}{y}\frac{dy}{dx} = \frac{x}{x-5} = 1 + \frac{5}{x-5}$$
である．これの両辺を x で積分すると，
$$\int \frac{1}{y} dy = \int \left(1 + \frac{5}{x-5}\right) dx$$
なので，$\log|y| = x + 5\log|x-5| + C_1$ (C_1 は任意定数) である．これより，$y = Ce^{x+5\log|x-5|} = Ce^x|x-5|^5$ (C は任意定数)．また，$y = 0$ も解だが，これは $C = 0$ とすれば得られる．

【評価基準・注意】==========================
- 原則として部分点はないが，答えを陰関数表示していても正解とする．
- $C' = \pm C$ とすれば，$y = C'e^x(x-5)^5$ とできることに注意．
- 陰関数表示が合っていて陽関数表示が間違えているときは 1 点減点．

==

演習問題 7.2

$z = y^{-1}$ とおくと，
$$\frac{dz}{dx} = -y^{-2} \cdot y' = -\frac{1}{y^2}(y^2 \sin x - y \sin x) = -\sin x + z \sin x$$
なので，
$$\frac{dz}{dx} - z \sin x = -\sin x \qquad (**)$$
である．よって，
$$\begin{aligned}
z &= e^{-\int(-\sin x)dx}\left(-\int \sin x \cdot e^{\int(-\sin x)dx} dx + c\right) \\
&= e^{-\cos x}\left(-\int \sin x \cdot e^{\cos x} dx + c\right) = e^{-\cos x}(e^{\cos x} + c) = 1 + ce^{-\cos x}
\end{aligned}$$
である．ただし，c は任意定数．ゆえに，$y = \dfrac{1}{1 + ce^{-\cos x}}$．

【評価基準・注意】==============================
- この微分方程式はベルヌーイ型の微分方程式と呼ばれる．
- 解答では公式を使っているが，積分因子 $e^{\int(-\sin x)dx}$ を $(**)$ の両辺に掛けて積分してもよい．
- 結果を陽形式で書いていない場合は 2 点減点．また，結果に z が含まれていても同様に 2 点減点．

==

演習問題 7.3

(1) $(*)$ は 1 階線形微分方程式なので，

$$y = e^{-\int(-1)dx}\left\{\int xe^{\int -1 dx}dx + c\right\} = e^x\left(\int xe^{-x}dx + c\right) \quad (c \text{ は任意定数})$$

ここで，

$$\int xe^{-x}dx = -xe^{-x} + \int e^{-x}dx = -xe^{-x} - e^{-x}$$

なので，

$$y = e^x(-xe^{-x} - e^{-x} + c) = -x - 1 + ce^x$$

である．ここで，$y(0) = -1 + c = 1$ より，$c = 2$ なので $y = -x - 1 + 2e^x$．

(2) $x_0 = 0$ のとき，$Y_0 = y_0 = 1$
$x_1 = 0.1$ のとき，$Y_1 = Y_0 + hf(x_0, Y_0) = 1 + 0.1 \times (0 + 1) = 1.1$
$x_2 = 0.2$ のとき，$Y_2 = Y_1 + hf(x_1, Y_1) = 1.1 + 0.1 \times (0.1 + 1.1) = 1.22$

演習問題 7.4

$x_0 = 0$ のとき，$Y_0 = y_0 = 1$
$x_1 = 0.1$ のとき，
$Y_1 = Y_0 + \frac{h}{2}(f(x_0, Y_0) + f(x_1, Y_0 + hf(x_0, Y_0))) = 1 + 0.05 \times ((0+1) + (0.1 + 1 + 0.1 \times (0+1))) = 1.11$
$x_2 = 0.2$ のとき，
$Y_2 = Y_1 + \frac{h}{2}(f(x_1, Y_1) + f(x_2, Y_1 + hf(x_1, Y_1))) = 1.11 + 0.05 \times ((0.1 + 1.11) + (0.2 + 1.11 + 0.1 \times (0.1 + 1.11))) = 1.24205$

演習問題 7.5

オイラー法では $\Phi(x, y) = f(x, y) = y$ なので

$$|\Phi(x, y) - \Phi(x, \bar{y})| = |y - \bar{y}|$$

よりリプシッツ定数を $L_1 = 1$ とできる．

また，オイラー法はテイラー展開の 1 次の項まで一致するので，$y(x) = e^x$ より，$y''(x) = e^x$ に注意すれば，A を次のように選ぶことができる．

$$A = \max_{0 \leq \xi \leq 1}|\frac{1}{2}y''(\xi)| = \max_{0 \leq \xi \leq 1}|\frac{1}{2}e^\xi| = \frac{1}{2}e.$$

次数は $p = 1$ なので，$e_n = |y_n - Y_n|$ とおくと，定理 7.2 より

$$\max_{0 \leq n \leq N} e_n < \frac{1}{2}eh(e - 1).$$

ホイン法では $\Phi(x,y) = \frac{1}{2}(f(x,y) + f(\tilde{x}, y + h(x,y))) = \frac{1}{2}(y + y + hy) = \frac{1}{2}(2y + hy)$ なので

$$|\Phi(x,y) - \Phi(x,\bar{y})| = \frac{1}{2}|2(y-\bar{y}) + h(y-\bar{y})| = (1+\frac{h}{2})|y-\bar{y}|.$$

よって，リプシッツ定数は $L_1 = 1 + \frac{h}{2}$ とできる．

また，ホイン法はテイラー展開の 2 次の項まで一致するので A を次のように選ぶことができる．

$$A = \max_{0 \leq \xi \leq 1} \frac{1}{3!}|y^{(3)}(\xi)| = \frac{1}{6}e.$$

次数は $p = 2$ なので，$e_n = |y_n - Y_n|$ とおくと，定理 7.2 より

$$\max_{0 \leq n \leq N} e_n < \frac{\frac{1}{6}e}{1+\frac{h}{2}}h^2(e^{1+\frac{h}{2}} - 1) = \frac{eh^2}{3(2+h)}(e^{1+\frac{h}{2}} - 1).$$

演習問題 7.6

$x_0 = 0$ のとき，$Y_0 = y_0 = 1$
$x_1 = 0.1$ のとき，
$k_1 = f(x_0, Y_0) = 1 + 0 = 1$
$k_2 = f(x_0 + \frac{h}{2}, Y_0 + \frac{h}{2}k_1) = 0.05 + (1 + 0.05) = 1.1$
$k_3 = f(x_0 + \frac{h}{2}, Y_0 + \frac{h}{2}k_2) = 0.05 + (1 + 0.05 \times 1.1) = 1.105$
$k_4 = f(x_0 + h, Y_0 + hk_3) = 0.1 + (1 + 0.1 \times 1.105) = 1.2105$
$Y_1 = Y_0 + \frac{h}{6}(k_1 + 2k_2 + 2k_3 + k_4) = 1 + \frac{0.1}{6}(1 + 2.2 + 2.21 + 1.2105) = 1.110341667...$

第8章の解答

演習問題 8.1

$t = \dfrac{x - x_0}{h}$ とおくと (8.2) より

$$\alpha_k = \int_a^b \varphi_k(x)dx = h\int_0^2 \prod_{i=0, i\neq k}^{2} \frac{t-i}{k-i}dt$$

なので，$\rho_k = \displaystyle\int_0^2 \prod_{i=0, i\neq k}^{2} \frac{t-i}{k-i}dt$ とおくと

$$Q_3 f = h\sum_{k=0}^{2} \rho_k f(x_k)$$

である．

$$\begin{aligned}
\rho_0 &= \int_0^2 \prod_{i=0, i\neq 0}^{2} \frac{t-i}{0-i}dt = \int_0^2 \frac{t-1}{-1}\frac{t-2}{-2}dt \\
&= \frac{1}{2}\int_0^2 (t^2 - 3t + 2)dt = \frac{1}{2}\left[\frac{1}{3}t^3 - \frac{3}{2}t^2 + 2t\right]_0^2 = \frac{1}{3}
\end{aligned}$$

$$\rho_1 = \int_0^2 \prod_{i=0, i\neq 1}^{2} \frac{t-i}{1-i}dt = \int_0^2 \frac{t-0}{1}\frac{t-2}{-1}dt = -\int_0^2 (t^2 - 2t)dt = \frac{4}{3}$$

$$\rho_2 = \int_0^2 \prod_{i=0, i\neq 2}^{2} \frac{t-i}{2-i}dt = \int_0^2 \frac{t}{2}\frac{t-1}{2-1}dt = \frac{1}{2}\int_0^2 (t^2 - t)dt = \frac{1}{3}$$

よって，

$$Q_3 f = \frac{h}{3}(f(x_0) + 4f(x_1) + f(x_2))$$

演習問題 8.2

(1)
$$S = \int_0^1 \frac{1}{1+x^2}dx = \left[\tan^{-1} x\right]_0^1 = \frac{\pi}{4}.$$

(2) 台形公式では $n = 2, h = \frac{1}{2}$ なので，$f(x) = \frac{1}{1+x^2}$ とすると，

$$f_0 = f(0) = 1, \quad f_1 = f(\tfrac{1}{2}) = \frac{4}{5}, \quad f_2 = f(1) = \frac{1}{2}$$

より，
$$S \approx \frac{1}{2} \cdot \frac{1}{2}(f_0 + f_2 + 2f_1) = \frac{1}{4}(1 + \frac{1}{2} + \frac{8}{5}) = \frac{31}{40} = 0.775.$$

シンプソンの公式では $n = 2, h = \frac{1}{4}$ なので，
$$f_0 = f(0) = 1, \quad f_1 = f(\frac{1}{4}) = \frac{16}{17}, \quad f_2 = f(\frac{1}{2}) = \frac{4}{5},$$
$$f_3 = f(\frac{3}{4}) = \frac{16}{25}, \quad f_4 = f(1) = \frac{1}{2}$$

より，
$$S \approx \frac{1}{3} \cdot \frac{1}{4}(f_0 + f_4 + 4(f_1 + f_3) + 2f_2) = \frac{1}{12}(1 + \frac{1}{2} + 4(\frac{16}{17} + \frac{16}{25}) + \frac{8}{5})$$
$$= \frac{1}{12} \times \frac{8011}{850} = \frac{8011}{10200} \approx 0.785392...$$

【評価基準・注意】=========================
- 台形公式 5 点，シンプソンの公式 7 点．

======================================
演習問題 8.3

(1)
$$S_1 = \int_0^1 \frac{1}{1+x} dx = \Big[\log|1+x|\Big]_0^1 = \log 2,$$
$$S_2 = \int_0^{\frac{1}{2}} \frac{1}{\sqrt{1-x^2}} dx = \Big[\sin^{-1} x\Big]_0^{\frac{1}{2}} = \frac{\pi}{6}.$$

(2) まず，S_1 を考える．台形公式では $n = 2, h = \frac{1}{2} \cdot 1 = \frac{1}{2}$ なので $f(x) = \frac{1}{1+x}$ とすると
$$f_0 = f(0) = 1, \quad f_1 = f(\frac{1}{2}) = \frac{2}{3}, \quad f_2 = f(1) = \frac{1}{2}$$
である．よって，
$$S \approx \frac{1}{2} \cdot \frac{1}{2}(f_0 + 2f_1 + f_2) = \frac{1}{4}(1 + \frac{4}{3} + \frac{1}{2}) = \frac{1}{4} \cdot \frac{17}{6} = \frac{17}{24} = 0.70833... \approx 0.708.$$

また，シンプソンの公式では $n = 2, h = \frac{1}{4} \cdot 1 = \frac{1}{4}$ なので，
$$f_0 = f(0) = 1, \quad f_1 = f(\frac{1}{4}) = \frac{4}{5}, \quad f_2 = f(\frac{1}{2}) = \frac{2}{3},$$
$$f_3 = f(\frac{3}{4}) = \frac{4}{7}, \quad f_4 = f(1) = \frac{1}{2}$$
である．よって，
$$S \approx \frac{1}{3} \cdot \frac{1}{4}\{f_0 + f_4 + 4(f_1 + f_3) + 2f_2\} = \frac{1}{12}\{1 + \frac{1}{2} + 4(\frac{4}{5} + \frac{4}{7}) + \frac{4}{3}\}$$
$$= \frac{1}{12} \cdot \frac{1747}{210} = \frac{1747}{2520} = 0.6932539... \approx 0.693.$$

次に S_2 を考える．台形公式では，$n=2, h=\frac{1}{2}\cdot\frac{1}{2}=\frac{1}{4}$ なので $g(x)=\frac{1}{\sqrt{1-x^2}}$ とすると，

$$g_0 = g(0) = 1, \quad g_1 = g(\frac{1}{4}) = \frac{4}{\sqrt{15}}, \quad g_2 = g(\frac{1}{2}) = \frac{2}{\sqrt{3}}$$

なので

$$S \approx \frac{1}{2}\cdot\frac{1}{4}(g_0+2g_1+g_2) = \frac{1}{8}(1+\frac{8}{\sqrt{15}}+\frac{2}{\sqrt{3}}) = 0.5275364\ldots \approx 0.528.$$

シンプソンの公式では $n=2, h=\frac{1}{4}\cdot\frac{1}{2}=\frac{1}{8}$ なので

$$g_0 = g(0) = 1, \quad g_1 = g(\frac{1}{8}) = \frac{8}{\sqrt{63}}, \quad g_2 = g(\frac{1}{4}) = \frac{4}{\sqrt{15}},$$

$$g_3 = g(\frac{3}{8}) = \frac{8}{\sqrt{55}}, \quad g_4 = g(\frac{1}{2}) = \frac{2}{\sqrt{3}}$$

より

$$\begin{aligned} S &\approx \frac{1}{3}\cdot\frac{1}{8}\{g_0+g_4+4(g_1+g_3)+2g_2\} \\ &= \frac{1}{24}\{1+\frac{2}{\sqrt{3}}+4(\frac{8}{\sqrt{63}}+\frac{8}{\sqrt{55}})+\frac{8}{\sqrt{15}}\} \\ &= 0.5236163258\ldots \approx 0.524. \end{aligned}$$

【評価基準・注意】=========================

- (1) については部分点なし．
- (2) において S_1 について台形公式が 4 点，シンプソンの公式が 6 点．
- (2) において S_2 について台形公式が 6 点，シンプソンの公式が 8 点．
- (2) については考え方が合っていれば配点の 1/2 まで部分点あり．

==================================

付録A

復習

Section A.1
線形代数

---- 集合 ----

考えている「もの」の「集まり」が数学で**集合**といわれるためには，通常，次の2つの条件を満たす必要がある．
1. 集まりの範囲が客観的に明確なこと．
2. 集まりの1つ1つの「もの」の異同が区別できること．

集合を構成する1つ1つの「もの」を**要素**または**元**という．そして，x が集合 A の要素であることを $x \in A$ と書く．

---- 集合の表記 ----

集合 A を表記するには2つの方法がある．
1. 集合 A の要素を具体的に書く方法．
    (例) $A = \{2, 4, 6, 8\}$
2. 集合 A の条件を書く方法．
    (例) $A = \{x | x \text{ は偶数で } 1 \leq x < 10\}$

---- 論理記号 $\Longrightarrow$ ----

$P \Longrightarrow Q$：条件 P が成り立てば条件 Q が成り立つ
$P \Longleftrightarrow Q$：$P \Longrightarrow Q$ かつ $Q \Longrightarrow P$

付録A 復習

部分集合

2つの集合 A と B があって，A のすべての要素が B の要素となっているとき，すなわち，
$$x \in A \Longrightarrow x \in B$$
が成り立つとき，A は B の**部分集合**であるといい，$A \subset B$ または $A \subseteq B$ と表す．
また，$A \subseteq B$ かつ $B \subseteq A$ が成り立つとき，2つの集合 A と B は**等しい**といい，$A = B$ と表す．なお，$x \in A$ とか $A \subseteq B$ の否定を表すときには，これに斜線を引いて $x \notin A$ や $A \nsubseteq B$ などと表す．

共通集合・和集合

集合 A と B の**共通部分**(**共通集合**)を $A \cap B$，また，その**和集合**を $A \cup B$ で表す．すなわち，
$$A \cap B = \{x | x \in A \text{ かつ } x \in B\}$$
$$A \cup B = \{x | x \in A \text{ または } x \in B\}$$

代表的な集合

$\mathbb{N}$: 自然数全体の集合，$\mathbb{N} = \{1, 2, 3, \ldots\}$
$\mathbb{Z}$: 整数全体の集合，$\mathbb{Z} = \{\ldots -2, -1, 0, 1, 2, \ldots\}$
$\mathbb{Q}$: 有理数全体の集合，$\mathbb{Q} = \{\frac{q}{p} | p, q \in \mathbb{Z}, p \neq 0\}$
$\mathbb{R}$: 実数全体の集合，$\mathbb{R} = \{x | -\infty < x < \infty\}$
$\mathbb{C}$: 複素数全体の集合，$\mathbb{C} = \{x + iy | x, y \in \mathbb{R}\}$
$\mathbb{Q}, \mathbb{R}, \mathbb{C}$ のように四則演算について閉じている数の集合のことを**体**と呼ぶので，$\mathbb{Q}$ を**有理数体**，$\mathbb{R}$ を**実数体**，$\mathbb{C}$ を**複素数体**と呼ぶことがある．

全称記号

「すべての x に対して $P(x)$ である」を「$\forall x \ P(x)$」と書く．
例えば，「すべての x に対して $x \in A$ である」を「$\forall x \in A$」と書く．この $\forall$ を**全称記号**という．

存在記号

「ある x に対して $P(x)$ である」を「$\exists x \ P(x)$」と書く．
例えば，「ある x に対して $x \in A$ である」というのは「$\exists x \in A$」と書く．この $\exists$ を**存在記号**という．

数学では「すべての x」を「任意の x」と呼ぶ場合がある．この言い方は数学独特のものである．また，全称記号・存在記号いずれの場合も同じ意味であれば日本語の表現方法にこだわらなくてもよい．例えば，「すべての x に対して」を「どのような x に対しても」といってもよい．

A.1 線形代数

全称記号・存在記号の例

- **(例1)** 「すべての $x \in X$ に対して，$P(x)$ である」を「$\forall x \in X \; P(x)$」または「$P(x) \; \forall x \in X$」などと書き，「ある $x \in X$ に対して $P(x)$ である」，また，同じことであるが「$P(x)$ となる $x \in X$ が存在する」を「$\exists x \in X \; P(x)$」と書く．
- **(例2)** 「任意の $y \in Y$ に対して $y = f(x)$ となる x が存在する」というのは「$\forall y \in Y (\exists x \in X (y = f(x)))$」または「$\forall y \in Y, \exists x \in X, y = f(x)$」などと書ける．

上限・下限

A を $\mathbb{R}$ の部分集合とする．このとき，$\forall x \in A$ と $\exists M \in \mathbb{R}$（M は定数）に対して $x \leq M$ が成立するとき，A は**上に有界**であるといい，M を A の**上界**という．また，A の上界で最小のものを A の**上限**といい，$\sup A$ または $\sup_{a \in A} a$ と書く．**下に有界**，**下界**，A の**下限**も同様に定義され，A の下限を $\inf A$ または $\inf_{a \in A} a$ と書く．例えば，A を開区間 $(0, 3)$ とすると $\inf A = 0$，$\sup A = 3$ である．

最大数・最小数

$\mathbb{R}$ の部分集合 A に対し，定数 $m \in A$ が $\forall x \in A$ に対して $x \leq m$ を満たすとき，m は A の**最大数**であるといい，$\max A$ または $\max_{a \in A} a$ と表す．A の**最小数**も同様に定義され，これを $\min A$ または $\min_{a \in A} a$ と表す．例えば，A を閉区間 $[0, 3]$ とすると，$\min A = 0$，$\max A = 3$ である．

写像

集合 A から集合 B への**写像** f とは，集合 A の任意の要素 x に対して集合 B の要素をただ 1 つ対応つける「規則」のことである．このとき，

$$f : A \to B \text{ とか } y = f(x)$$

と表す．$f : A \to B$ であるとき，集合 A を写像 f の**定義域**，B を f の**値域**という．
また，$\mathbb{R}$ や $\mathbb{N}$ といった数の集合に値をもつ写像を一般に**関数**という．

― 内積と直交 ―

2つの複素ベクトル $\boldsymbol{x} = \begin{bmatrix} x_1 \\ \vdots \\ x_n \end{bmatrix}, \boldsymbol{y} = \begin{bmatrix} y_1 \\ \vdots \\ y_n \end{bmatrix}$ に対して，$(\boldsymbol{x}, \boldsymbol{y}) = \sum_{i=1}^{n} x_i \bar{y}_i$ を
ベクトル $\boldsymbol{x}$ と $\boldsymbol{y}$ の**内積**という．ここで，$\bar{y}$ は y の複素共役を表す．
このとき，$\|\boldsymbol{x}\|_2 = \sqrt{(\boldsymbol{x}, \boldsymbol{x})}$ である．また，$(\boldsymbol{x}, \boldsymbol{y}) = 0$ のとき，$\boldsymbol{x}$ と $\boldsymbol{y}$ は**直交する**という．

― 行列 ―

m と n を自然数とする．縦に m 個，横に n 個の数または文字 $a_{ij} (1 \leq i \leq m, 1 \leq j \leq n)$ を次のように並べて丸括弧または角括弧でくくったものを **m 行 n 列の行列**という．

$$A = \begin{bmatrix} a_{11} & a_{12} & \cdots & a_{1n} \\ a_{21} & a_{22} & \cdots & a_{2n} \\ \vdots & \vdots & \ddots & \vdots \\ a_{m1} & a_{m2} & \cdots & a_{mn} \end{bmatrix} = \begin{pmatrix} a_{11} & a_{12} & \cdots & a_{1n} \\ a_{21} & a_{22} & \cdots & a_{2n} \\ \vdots & \vdots & \ddots & \vdots \\ a_{m1} & a_{m2} & \cdots & a_{mn} \end{pmatrix}$$

行列 A を $A = [a_{ij}]$ や $A = (a_{ij})$ または $A = [a_{ij}]_{1 \leq i \leq m, 1 \leq j \leq n}$ や $A = (a_{ij})_{1 \leq i \leq m, 1 \leq j \leq n}$ のように略記することがある．

― 行列の成分 ―

m 行 n 列の行列を **$m \times n$ 行列**，**(m, n) 行列**あるいは**サイズが $m \times n$ の行列**などという．また，a_{ij} を行列 A の **(i, j) 成分**という．

― 列ベクトル ―

行列 A の成分の縦に並んだ部分

$$\begin{bmatrix} a_{1j} \\ \vdots \\ a_{mj} \end{bmatrix}, \quad j = 1, 2, \ldots, n$$

を A の**列**または**列ベクトル**といい，左から第 1 列，第 2 列，$\cdots$，第 n 列という．

— 行ベクトル —

行列 A の成分の横に並んだ部分

$$[a_{i1}\ a_{i2}\ \ldots\ a_{in}], \quad i=1,2,\ldots,m$$

を A の**行**あるいは**行ベクトル**といい，上から第 1 行，第 2 行，$\cdots$，第 m 行という．

なお，行ベクトルを表す場合は，$[a_{i1}, a_{i2}, \ldots, a_{in}]$ のようにカンマ (,) を入れることが多い．

— 基本ベクトル —

$$\boldsymbol{e}_1 = \begin{bmatrix} 1 \\ 0 \\ \vdots \\ 0 \end{bmatrix},\ \boldsymbol{e}_2 = \begin{bmatrix} 0 \\ 1 \\ \vdots \\ 0 \end{bmatrix}, \ldots, \boldsymbol{e}_n = \begin{bmatrix} 0 \\ 0 \\ \vdots \\ 1 \end{bmatrix} \in \mathbb{C}^n$$ を n 次元**基本ベクトル**あるいは**標準基底**という．

— 要素に基づく呼び方 —

すべての a_{ij} が整数のとき行列 $[a_{ij}]$ を**整数行列**，すべての a_{ij} が実数のとき行列 $[a_{ij}]$ を**実行列**，すべての a_{ij} が複素数のとき行列 $[a_{ij}]$ を**複素行列**という．

— 行列の相等 —

2つの $m \times n$ 行列 $A = [a_{ij}]$，$B = [b_{ij}]$ があるとき，この2つの行列サイズが一致していて，かつ $a_{ij} = b_{ij}$ がすべての $1 \leq i \leq m, 1 \leq j \leq n$ で成り立つとき，この2つの行列は等しいといって，$A = B$ と書く．

―― 和・スカラー倍 ――

同じサイズの 2 つの行列 $[a_{ij}], [b_{ij}]$ とスカラー c に対して

$$\begin{bmatrix} a_{11} & \cdots & a_{1n} \\ \vdots & \ddots & \vdots \\ a_{m1} & \cdots & a_{mn} \end{bmatrix} + \begin{bmatrix} b_{11} & \cdots & b_{1n} \\ \vdots & \ddots & \vdots \\ b_{m1} & \cdots & b_{mn} \end{bmatrix}$$

$$= \begin{bmatrix} a_{11}+b_{11} & \cdots & a_{1n}+b_{1n} \\ \vdots & \ddots & \vdots \\ a_{m1}+b_{m1} & \cdots & a_{mn}+b_{mn} \end{bmatrix}$$

$$c \begin{bmatrix} a_{11} & \cdots & a_{1n} \\ \vdots & \ddots & \vdots \\ a_{m1} & \cdots & a_{mn} \end{bmatrix} = \begin{bmatrix} ca_{11} & \cdots & ca_{1n} \\ \vdots & \ddots & \vdots \\ ca_{m1} & \cdots & ca_{mn} \end{bmatrix}$$

と定義する.特に,A の -1 倍を $-A$ で表す.

―― 行列の積 ――

$m \times n$ 行列 $A = [a_{ij}]$ と $n \times r$ 行列 $B = [b_{ij}]$ に対して

$$c_{ij} = a_{i1}b_{1j} + a_{i2}b_{2j} + \cdots + a_{in}b_{nj} = \sum_{k=1}^{n} a_{ik}b_{kj}$$

を (i,j) 成分とする $m \times r$ 行列 $C = [c_{ij}]$ を A と B の**積**といい AB で表す.

―― 行列の積の性質 (1) ――

A が $m \times n$ 行列,B と C が $n \times r$ 行列であり,c がスカラーのとき,次式が成立する.
(1) $A(cB) = c(AB)$ (2) $A(B+C) = AB + AC$
また,A と B が $m \times n$ 行列,C が $n \times r$ 行列のとき,次式が成立する.
(3) $(A+B)C = AC + BC$

―― 行列の積の性質 (2) ――

A が $m \times n$ 行列,B が $n \times r$ 行列,C が $r \times s$ 行列であるとき,$(AB)C = A(BC)$ が成立する.

---- 零行列 ----

すべての成分が 0 である $m \times n$ 行列を零行列といい，O_{mn} で表す．なお，文脈によって，そのサイズが明らかな場合は，単に O と表すことがある．
また，任意の $m \times n$ 行列 A について

$$A + O_{mn} = O_{mn} + A = A, \quad AO_{nr} = O_{mr}, \quad O_{sm}A = O_{sn}$$

が成り立つ．

---- 正方行列 ----

行と列が等しい行列，$n \times n$ 行列を n 次正方行列という．簡単に，n 次行列ということもある．

---- 三角行列 ----

n 次正方行列 A が $a_{ij} = 0 (i > j)$ を満たすとき A を上三角行列といい，A が $a_{ij} = 0 (i < j)$ を満たすとき A を下三角行列という．また，上三角行列または下三角行列を単に三角行列ということがある．

---- べき乗 ----

A が n 次正方行列のときは，A とそれ自身の積 AA をとることができるので，それを A^2 と書く．帰納的に，

$$A^3 = A^2 A, \quad A^4 = A^3 A, \quad \cdots, \quad A^r = A^{r-1} A$$

などと表し，A^r を A のべき乗または r 乗という．

---- 対角行列 ----

n 次正方行列 $A = [a_{ij}]$ において，対角線上に並ぶ成分 $a_{11}, a_{22}, \ldots, a_{nn}$ を対角成分という．また，対角成分以外の成分がすべて 0 である行列を対角行列といい，$diag(a_{11}, a_{22}, \ldots, a_{nn})$ と表すことがある．

---- トレース ----

n 次正方行列 $A = [a_{ij}]$ の対角成分の和を A のトレースといい，$\mathrm{tr}\, A$ で表す．つまり

$$\mathrm{tr}\, A = \sum_{i=1}^{n} a_{ii}$$

である．

---- 単位行列 ----

対角成分がすべて1で，それ以外の成分がすべて0であるn次正方行列をn次単位行列といい，E_n と書く．文脈によってそのサイズが明らかな場合は，単にEとも表す．また，任意のn次正方行列Aに対して

$$AE_n = E_n A = A$$

が成り立つ．なお，単位行列は，これを写像と見なした場合，恒等写像 (id や I と書く) に対応するので，E_n を I_n と書いたり，単に I と書いたりする場合もある．

---- クロネッカーのデルタ ----

次のように定義される記号 δ_{ij} をクロネッカーのデルタ (記号) という．

$$\delta_{ij} = \begin{cases} 1 & (i = j) \\ 0 & (i \neq j) \end{cases}$$

単位行列 E_n は δ_{ij} を (i,j) 成分とする行列 $[\delta_{ij}]$ に他ならない．すなわち，$E_n = [\delta_{ij}]$．

---- 転置行列 ----

$m \times n$ 行列 $A = [a_{ij}]$ に対して行と列を入れ換えた $n \times m$ 行列を行列 A の転置行列といい，${}^t A$ あるいは A^t と表す．
A の (i,j) 成分が a_{ij} のとき，${}^t A$ の (i,j) 成分は a_{ji} である．

---- 対称行列・交代行列 ----

$A^t = A$ を満たす正方行列 A を対称行列といい，$A^t = -A$ を満たす正方行列 A を交代行列という．

---- エルミート行列 ----

複素行列 $A = [a_{ij}]$ に対して，$A^* = [\bar{a}_{ji}]$ を A の随伴行列または共役転置行列といい，$A^* = A$ となるとき A をエルミート行列という．ただし，$\bar{a}$ は a の共役複素数である．

---- 逆行列 ----

n 次正方行列 A に対して次の条件を満たす n 次正則行列 X が存在するとき，この X を A の逆行列といって，A^{-1} と表す．

$$AX = XA = E_n$$

A.1 線形代数

正則行列

n 次正方行列 A に逆行列 A^{-1} が存在するとき，A を**正則行列**という．

逆行列の性質

n 次正方行列 A と B が共に正方行列であるとすると，その積 AB も正則で，その逆行列は，
$$(AB)^{-1} = B^{-1}A^{-1}$$
で与えられる．

直交行列

n 次実正方行列 A が等式 $AA^t = E_n$ を満たすとき，A を **n 次直交行列**という．また，n 次複素正方行列 A が $AA^* = E_n$ を満たすとき，A を **n 次ユニタリ行列**という．

直交行列の性質 (1)

n 次実行列 $A = [\boldsymbol{a}_1, \boldsymbol{a}_2, \ldots, \boldsymbol{a}_n]$ が直交行列であるための必要十分条件は，ベクトル $\boldsymbol{a}_1, \boldsymbol{a}_2, \ldots, \boldsymbol{a}_n$ が長さ 1 の互いに直交するベクトルとなることである．

直交行列の性質 (2)

直交行列 Q, R の積 RQ, QR は直交行列である．

行列式

n 個の n 次元数ベクトル $\boldsymbol{a}_1, \boldsymbol{a}_2, \cdots, \boldsymbol{a}_n$ に対応して 1 つのスカラーを与える写像 $\det[\boldsymbol{a}_1, \boldsymbol{a}_2, \cdots, \boldsymbol{a}_n]$ が次の条件を満たすとき，これを n 次正方行列 $A = [\boldsymbol{a}_1, \boldsymbol{a}_2, \cdots, \boldsymbol{a}_n]$ の**行列式**といい，$\det A$ と表す．
(1) スカラー x に対して，
$\det[\boldsymbol{a}_1, \cdots, x\boldsymbol{a}_i, \cdots, \boldsymbol{a}_n] = x\det[\boldsymbol{a}_1, \cdots, \boldsymbol{a}_i, \cdots, \boldsymbol{a}_n]$ $(1 \leq i \leq n)$
(2) $\det[\boldsymbol{a}_1, \cdots, \boldsymbol{a}_i + \boldsymbol{a}'_i, \cdots, \boldsymbol{a}_n]$
$= \det[\boldsymbol{a}_1, \cdots, \boldsymbol{a}_i, \cdots, \boldsymbol{a}_n] + \det[\boldsymbol{a}_1, \cdots, \boldsymbol{a}'_i, \cdots, \boldsymbol{a}_n]$ $(1 \leq i \leq n)$
(3) $\det[\cdots, \boldsymbol{a}_i, \cdots, \boldsymbol{a}_j, \cdots] = -\det[\cdots, \boldsymbol{a}_j, \cdots, \boldsymbol{a}_i, \cdots]$
$\qquad\qquad\qquad\qquad\qquad\qquad\qquad (i \neq j,\ 1 \leq i,\ j \leq n)$
(4) $\det[\boldsymbol{e}_1, \cdots, \boldsymbol{e}_n] = 1$
(1) と (2) を**多重線形性**といい，(3) を**交代性**という．

―― 固有値と固有ベクトル ――

正方行列 A が与えられたとき，
$$A\bm{x} = \lambda \bm{x} \quad (\bm{x} \neq 0)$$
になるようなスカラー λ とベクトル $\bm{x}$ を求める問題を行列の**固有値問題**といい，上式を満たす λ を**固有値**，$\bm{x}$ を**固有ベクトル**という．

―― 固有値の性質 (1) ――

n 次正方行列 A は重複も含めて n 個の固有値を持つ．
なお，$\det(A - \lambda E_n) = 0$ を**特性方程式**または**固有方程式**という．

―― 固有値の性質 (2) ――

$\bm{x}$ が A の固有ベクトルならば，その任意のスカラー倍 $\alpha \bm{x}$ も A の固有ベクトルとなる．ただし，$\alpha \neq 0$ である．

―― 固有値の性質 (3) ――

行列 A の固有値を λ，対応する固有ベクトルを $\bm{x}$ とすると，正則行列 M による行列 MAM^{-1} および $M^{-1}AM$ の固有値は λ であり，対応する固有ベクトルは，それぞれ $M\bm{x}$ および $M^{-1}\bm{x}$ である．
　特に，M が直交行列ならば，MAM^t と M^tAM は A と同じ固有値 λ を持ち，対応する固有ベクトルはそれぞれ $M\bm{x}$ と $M^t\bm{x}$ である．
なお，MAM^t および M^tAM を A の**相似変換**という．

―― 固有値の性質 (4) ――

実対称行列の固有値は実数であり，相異なる固有値に対応する固有ベクトルは直交する．

―― 対角化 ――

ある正則な行列 T によって，行列 A が
$$T^{-1}AT = \Lambda \quad \Lambda \text{ は対角行列}$$
のように表されるとき，A は**対角化可能**であるといい，T を A の**対角化行列**という．

―― 対角行列の固有値 ――

対角行列の対角要素は固有値であり，標準基底 $\bm{e}_i$ は固有ベクトルである．

実対称行列の対角化

A を n 次実対称行列とする．このとき，A はつねにある直交行列 Q により対角化可能，つまり，

$$Q^t A Q = \begin{bmatrix} \lambda_1 & & \\ & \ddots & \\ & & \lambda_n \end{bmatrix} = \Lambda$$

を満たす直交行列 Q と対角行列 Λ が存在する．

正規行列の対角化

正規行列は対角化可能であり，この対角化行列としてユニタリ行列をとることができる．

対角化可能性 (1)

行列 A の固有ベクトルからなる基底を作ることができるための必要十分条件は A が対角化可能であることである．

対称行列と固有ベクトル

行列 A が対称行列ならば，A の固有ベクトルからなる正規直交基底 $\boldsymbol{v}_1, \boldsymbol{v}_2, \cdots, \boldsymbol{v}_n$ を選ぶことができる．

1 次独立・1 次従属

n 次元数ベクトル空間 $\mathbb{R}^n$ の m 個のベクトル $\boldsymbol{a}_1, \boldsymbol{a}_2, \ldots, \boldsymbol{a}_m$ が

$$\sum_{i=1}^{m} c_i \boldsymbol{a}_i = 0 \Longrightarrow c_1 = c_2 = \cdots = c_m = 0$$

を満たすとき，これらのベクトルは **1 次独立** であるという．また，ベクトル $\boldsymbol{a}_1, \boldsymbol{a}_2, \ldots, \boldsymbol{a}_m$ が 1 次独立でないときに，これらのベクトルは **1 次従属** であるという．

固有ベクトルの 1 次独立性

A の異なる固有値を $\lambda_1, \lambda_2, \cdots, \lambda_r (1 \leq r \leq n)$ とし，それぞれに対応する固有ベクトルを $\boldsymbol{v}_1, \boldsymbol{v}_2, \cdots, \boldsymbol{v}_r$ とすると，これらは 1 次独立である．

行列の対角化可能性 (2)

行列 A の固有値がすべて固有方程式の単根ならば，A は対角化可能である．

--- 行列の対角化可能性 (3) ---

行列 A のすべての異なる固有値を $\lambda_1, \lambda_2, \cdots, \lambda_r$ とし，それらの重複度をそれぞれ $m_1, m_2, \cdots, m_r$ とするとき

$$\mathrm{rank}(A - \lambda_i E_n) = n - m_i$$

ならば，A は対角化可能であり，1つでも等号が成立しなければ，A は対角化不可能である．

--- 小行列式 ---

n 次正方行列 A について，その第 i 行と第 j 列を取り除いて得られる $n-1$ 次正方行列を A_{ij} と書く．また，$\det A_{ij}$ を $n-1$ 次の**小行列式**という．

--- 余因子 ---

n 次行列 A と $1 \leq i, j \leq n$ に対して，

$$\Delta(A)_{ij} = (-1)^{i+j} \det A_{ij}$$

とおいて，これを A の (i,j) **余因子**という．

--- 余因子行列 ---

n 次正方行列 A に対して，その**余因子行列** $\mathrm{Cof}(A)$ を，その (i,j) 成分が (j,i) 余因子 $\Delta(A)_{ji}$ であるような n 次正方行列として定義する．

$$\mathrm{Cof}(A) = (\Delta(A)_{ij})^t \tag{A.1}$$

--- 余因子行列の性質 ---

n 次正方行列 A に対して

$$A \cdot \mathrm{Cof}(A) = \mathrm{Cof}(A) \cdot A = (\det A) E_n \tag{A.2}$$

が成り立つ．

--- 余因子行列と逆行列 ---

n 次正方行列 A が正則であるための必要十分条件は $\det A \neq 0$ が成り立つことである．また，このとき，

$$A^{-1} = \frac{1}{\det A} \mathrm{Cof}(A) \tag{A.3}$$

が成り立つ．

連立 1 次方程式の表現

連立 1 次方程式

$$\begin{cases} a_{11}x_1 + a_{12}x_2 + \cdots + a_{1n}x_n = b_1 \\ a_{21}x_1 + a_{22}x_2 + \cdots + a_{2n}x_n = b_2 \\ \quad \vdots \\ a_{n1}x_1 + a_{n2}x_2 + \cdots + a_{nn}x_n = b_n \end{cases}$$

は，

$$\begin{bmatrix} a_{11} & a_{12} & \cdots & a_{1n} \\ a_{21} & a_{22} & \cdots & a_{2n} \\ \vdots & \vdots & \cdots & \vdots \\ a_{n1} & a_{n2} & \cdots & a_{nn} \end{bmatrix} \begin{bmatrix} x_1 \\ x_2 \\ \vdots \\ x_n \end{bmatrix} = \begin{bmatrix} b_1 \\ b_2 \\ \vdots \\ b_n \end{bmatrix}$$

と書けるので，これを $A\boldsymbol{x} = \boldsymbol{b}$ と書く．

連立 1 次方程式の解の一意存在性

n 次正方行列 A が正則ならば，$A\boldsymbol{x} = \boldsymbol{b}$ の解がただ 1 つ存在する．

行基本変形と掃き出し法

$$\begin{bmatrix} a_{11} & a_{12} & \cdots & a_{1n} \\ a_{21} & a_{22} & \cdots & a_{2n} \\ \vdots & \vdots & \cdots & \vdots \\ a_{m1} & a_{m2} & \cdots & a_{mn} \end{bmatrix} \begin{bmatrix} x_1 \\ x_2 \\ \vdots \\ x_n \end{bmatrix} = \begin{bmatrix} b_1 \\ b_2 \\ \vdots \\ b_m \end{bmatrix} \tag{A.4}$$

に対して，
(1) ある行の順番を入れ換える
(2) ある行の何倍かを他の行に加える
(3) ある行に 0 でない数を掛ける
という操作を行っても (A.4) の解は変わらない．この (1)〜(3) を**行基本変形**といい，行基本変形を使って連立 1 次方程式を解く方法を**掃き出し法**による計算という．

拡大係数行列

$$\left[\begin{array}{cccc|c} a_{11} & a_{12} & \cdots & a_{1n} & b_1 \\ a_{21} & a_{22} & \cdots & a_{2n} & b_2 \\ \vdots & \vdots & \cdots & \vdots & \vdots \\ a_{m1} & a_{m2} & \cdots & a_{mn} & b_m \end{array} \right] = [A\ \boldsymbol{b}] \tag{A.5}$$

に着目して行変形を行えば，連立 1 次方程式の解を求めることができる．なお，(A.5) を**拡大係数行列**という．

―― 列基本変形 ――

次の (1)〜(3) の操作を**列基本変形**という．
(1) ある列の順番を入れ換える
(2) ある列の何倍かを他の列に加える
(3) ある列に 0 でない数を掛ける
また，行基本変形と列基本変形を合わせて，行列の**基本変形**という．

―― ランク ――

A が任意の $m \times n$ 行列であるとき，この A に基本変形を何度か行って次の形にすることができる．

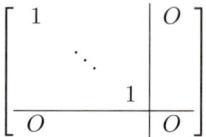

$$\begin{bmatrix} 1 & & & O \\ & \ddots & & \\ & & 1 & \\ \hline O & & & O \end{bmatrix}$$

行列 A を上のような形に変形したとき，最終的に得られる行列の 1 の個数を行列 A の**ランク**または**階数**といって，その値を $\mathrm{rank}(A)$ と書く．

Section A.2
微分積分

― 微分係数 ―

次を満たす有限な極限値 α

$$\lim_{h \to 0} \frac{f(a+h) - f(a)}{h} = \alpha \tag{A.6}$$

が存在するとき，関数 $f(x)$ は $x = a$ で**微分可能**であるという．このとき，α を $x = a$ における**微分係数**（または**微係数**）といい，$f'(a)$ または $\dfrac{df}{dx}(a)$ と書く．

― 無限小 ―

一般に，変数 h が 0 に収束するとき，0 に収束する関数 $g(h)$ を**無限小**という．また，$\lim\limits_{h \to 0} \dfrac{g(h)}{h} = 0$ となる無限小 $g(h)$ を h より**高位の無限小**といい，記号で $g(h) = o(h)$（小文字の o）と表す．なお，記号 o は**ランダウの記号**といわれ，スモール・オーと読む．
(A.6) は

$$f(a+h) - f(a) = f'(a)h + h\varepsilon(h), \quad \lim_{h \to 0} \varepsilon(h) = 0 \tag{A.7}$$

と書けるので，ランダウの記号を使うと (A.7) は

$$f(a+h) - f(a) = f'(a)h + o(h) \tag{A.8}$$

と書くことができる．なお，$\lim\limits_{h \to 0} \dfrac{G(h)}{h}$ が有界であるとき，$G(h) = O(h)$ と書く．

― 微分 ―

(A.8) における $f'(a)h$ のことを $y = f(x)$ の点 a における**微分**といい，df または dy と書く．つまり，

$$dy = f'(a)h \tag{A.9}$$

なお，y の微分を

$$dy = f'(a)dx \tag{A.10}$$

と書いてもよい．

―――― 導関数 ――――

$y = f(x)$ が区間 I の各点で微分可能なとき，$f(x)$ は区間 I で微分可能であるという．このとき，$\forall a \in I$ における微分係数は $f'(a)$ で与えられるが，a を I で動かすと I 上の関数 $f'(x)$ が定義される．これを $f(x)$ の導関数といい，$y', f'(x), \dfrac{dy}{dx}, \dfrac{df}{dx}, \dfrac{d}{dx}f(x)$ などと表す．また，微分 $f'(a)dx$ についても点 a を動かして微分 $dy = f'(x)dx$ を定義する．なお，$f(x)$ の導関数を求めることを微分するという．

―――― 微分可能性と連続性 ――――

$f(x)$ が $x = a$ で微分可能ならば，$f(x)$ は $x = a$ で連続である．

―――― 微分の基本性質 ――――

$f(x), g(x)$ は区間 I で微分可能であるとする．このとき，次が成り立つ．
(1) $\{f(x) \pm g(x)\}' = f'(x) \pm g'(x)$ 　　（複号同順）
(2) $\{kf(x)\}' = kf'(x)$ 　　（k は定数）
(3) $\{f(x)g(x)\}' = f'(x)g(x) + f(x)g'(x)$
(4) $g(x) \neq 0$ ならば $\left\{\dfrac{f(x)}{g(x)}\right\}' = \dfrac{f'(x)g(x) - f(x)g'(x)}{\{g(x)\}^2}$

特に，$f(x) = 1$ のときは，
(5) $\left\{\dfrac{1}{g(x)}\right\}' = -\dfrac{g'(x)}{\{g(x)\}^2}$ 　　（$g(x) \neq 0$）

―――― 合成関数の微分法 ――――

関数 $y = f(x)$ は区間 I で微分可能とし，その値域 $f(I)$ は区間 J に含まれるものとする．このとき，$z = g(y)$ が J で微分可能ならば合成関数 $z = g(f(x))$ は I 上で微分可能で，

$$\frac{dz}{dx} = \frac{dz}{dy}\frac{dy}{dx} = g'(f(x))f'(x) \tag{A.11}$$

―――― r 次導関数 ――――

$y = f(x)$ を r 回微分した関数を r 次導関数といい，$f^{(r)}(x), \left(\dfrac{d}{dx}\right)^r f(x), \dfrac{d^r f}{dx^r}$ などと表す．なお，$f^{(r)}(x)$ は帰納的に

$$f^{(r+1)}(x) = \frac{d}{dx}f^{(r)}(x)$$

によって定義される．また，$r = 2, 3$ のときは，$f''(x), f'''(x)$ と表すときがある．

A.2 微分積分

---
n 回微分可能

○ $f(x)$ が区間 I で n 回まで微分可能なとき，$f(x)$ は I で n 回微分可能であるという．
○ $f^{(n)}(x)$ が I 上で連続ならば，$f(x)$ は I で n 回連続微分可能であるという．また，このとき，$f(x)$ は C^n 級（の関数）であるという．
○ $f(x)$ が何回でも微分可能なとき，$f(x)$ は無限回微分可能であるという．このとき，$f(x)$ は C^∞ 級であるという．
○ $x = a$ における $f^{(r)}(x)$ の値を $f^{(r)}(a)$，$\left(\dfrac{d}{dx}\right)^r f(a)$，$\dfrac{d^r f}{dx^r}(a)$ などと表す．

ロルの定理

$f(x)$ は閉区間 $[a,b]$ で連続で開区間 (a,b) で微分可能であるとする．このとき，$f(a) = f(b)$ ならば $f'(c) = 0$ を満たす $c \in (a,b)$ が存在する．

平均値の定理

$f(x)$ は閉区間 $[a,b]$ 上で連続で開区間 (a,b) 上で微分可能ならば，

$$\frac{f(b) - f(a)}{b - a} = f'(c) \tag{A.12}$$

を満たす $c \in (a,b)$ が存在する．

不定形

$\lim\limits_{x \to a} \dfrac{f(x)}{g(x)} = \dfrac{0}{0}$，$\lim\limits_{x \to a} \dfrac{f(x)}{g(x)} = \dfrac{\infty}{\infty}$ のような形の極限を**不定形**という．不定形には次のようなものがある．

$$\frac{0}{0}, \quad \frac{\infty}{\infty}, \quad \infty - \infty, \quad 0 \cdot \infty, \quad \infty^0, \quad 0^0, \quad 1^\infty$$

ロピタルの定理

$f(x), g(x)$ は a を含む開区間 I で連続，$x \neq a$ で微分可能で $g'(x) \neq 0$ とする．このとき，
(1) $\lim\limits_{x \to a} f(x) = \lim\limits_{x \to a} = g(x) = 0 \quad \left(\dfrac{0}{0}形\right)$
または
(2) $\lim\limits_{x \to a} f(x) = \lim\limits_{x \to a} = g(x) = \infty \quad \left(\dfrac{\infty}{\infty}形\right)$
が成り立つならば，

$$\lim_{x \to a} \frac{f(x)}{g(x)} = \lim_{x \to a} \frac{f'(x)}{g'(x)} \tag{A.13}$$

が成り立つ．なお，a は有限な値でも $\pm\infty$ でもよく右極限でも左極限でもよい．

―― 原始関数 ――

与えられた関数 $f(x)$ に対して

$$F'(x) = f(x) \tag{A.14}$$

を満たす $F(x)$ を $f(x)$ の**原始関数**という.

1つの原始関数 $F(x)$ が求まると,他の原始関数はすべて

$$G(x) = F(x) + C \quad (C は任意定数) \tag{A.15}$$

で与えられる.

―― 不定積分 ――

原始関数の一般形 $F(x) + C$ を

$$\int f(x)dx, \quad \int f(x)dx + C$$

などと表し,これらを $f(x)$ の**不定積分**といい,$f(x)$ を**被積分関数**という.また,x を**積分変数**,C を**積分定数**といい,$f(x)$ の不定積分を求めることを $f(x)$ を**積分する**という.

定義より,$f(x)$ が微分可能ならば

$$\int f'(x)dx = f(x) + C \tag{A.16}$$

―― 基本的な関数の不定積分 ――

- $\displaystyle\int e^x dx = e^x$
- $\displaystyle\int a^x dx = \frac{a^x}{\log a} \quad (a >, a \neq 1)$
- $\displaystyle\int \frac{1}{x}dx = \log|x|$
- $\displaystyle\int x^\alpha dx = \frac{1}{\alpha+1}x^{\alpha+1} \quad (\alpha \neq -1)$
- $\displaystyle\int \sin x\, dx = -\cos x$
- $\displaystyle\int \cos x\, dx = \sin x$
- $\displaystyle\int \tan x\, dx = -\log|\cos x|$
- $\displaystyle\int \frac{1}{\tan x}dx = \log|\sin x|$
- $\displaystyle\int \frac{1}{\sin^2 x}dx = -\frac{1}{\tan x}$
- $\displaystyle\int \frac{1}{\cos^2 x}dx = \tan x$
- $\displaystyle\int \frac{1}{x^2 + a^2}dx = \frac{1}{a}\tan^{-1}\frac{x}{a} \quad (a \neq 0)$
- $\displaystyle\int \frac{1}{x^2 - a^2}dx = \frac{1}{2a}\log\left|\frac{x-a}{x+a}\right| \quad (a \neq 0)$
- $\displaystyle\int \frac{1}{\sqrt{a^2 - x^2}}dx = \sin^{-1}\frac{x}{a} \quad (a > 0)$
- $\displaystyle\int \frac{1}{\sqrt{x^2 + A}}dx = \log|x + \sqrt{x^2 + A}| \quad (A \neq 0)$
- $\displaystyle\int \sqrt{a^2 - x^2}\,dx = \frac{1}{2}\left(x\sqrt{a^2 - x^2} + a^2 \sin^{-1}\frac{x}{a}\right)(a > 0)$

A.2 微分積分

---- 不定積分の線形性 ----

(1) $\int \{f(x) \pm g(x)\}dx = \int f(x)dx \pm \int g(x)dx$

(2) $\int kf(x)dx = k\int f(x)dx$ （k は定数）

---- 置換積分 ----

$\varphi(t)$ が微分可能なとき，$x = \varphi(t)$ とおけば次式が成り立つ．

$$\int f(x)dx = \int f(\varphi(t))\varphi'(t)dt \tag{A.17}$$

実用上は，

$$\int f(\varphi(x))\varphi'(x)dx = \int f(t)dt \tag{A.18}$$

とする場合が多い．

---- 部分積分 ----

f と g が微分可能であるとき，

$$\int f(x)g(x)dx = \left(\int f(x)dx\right)g(x) - \int \left(\int f(x)dx\right)g'(x)dx \tag{A.19}$$

---- リーマン和 ----

小区間 $[x_{i-1}, x_i]$ から 1 つずつ点 ξ_i を任意に選び，

$$S(\Delta) = \sum_{i=1}^{n} f(\xi_i)(x_i - x_{i-1}) \tag{A.20}$$

とする．$S(\Delta)$ を $f(x)$ の分割 Δ に関するリーマン和という．
ただし，$\Delta : a = x_0 < x_1 < \cdots < x_{n-1} < x_n = b$ であり，$|\Delta| = \max_{1 \leq i \leq n}(x_i - x_{i-1})$ である．

---- リーマン積分可能 ----

ここで，$|\Delta| \to 0$ となるように区間 $[a,b]$ の分割を細かくしていくとき，分割の仕方 ξ_i の選び方によらずリーマン和 (A.20) が一定値 A に収束するならば，$f(x)$ は区間 $[a,b]$ で積分可能あるいはリーマン積分可能という．

---- 定積分 ----

極限値 A を $y = f(x)$ の区間 $[a,b]$ における**定積分**，または a から b までの**積分**といい，次のように表す．

$$\int_a^b f(x)dx \tag{A.21}$$

$b \leq a$ のときは次のように定義する．

$$\int_a^b f(x)dx = \begin{cases} -\int_b^a f(x)dx & (b < a) \\ 0 & (a = b) \end{cases} \tag{A.22}$$

---- 積分可能性 ----

有界閉区間で連続な関数は積分可能である．

---- 定積分の基本性質 ----

(1) $\displaystyle\int_a^b \{f(x) \pm g(x)\}dx = \int_a^b f(x)dx \pm \int_a^b g(x)dx$

(2) $\displaystyle\int_a^b kf(x)dx = k\int_a^b f(x)dx$ (k は定数)

(3) $\displaystyle\int_a^b f(x)dx = \int_a^c f(x)dx + \int_c^b f(x)dx$

(4) $[a,b]$ で $f(x) \geq g(x)$ ならば，$\displaystyle\int_a^b f(x)dx \geq \int_a^b g(x)dx$ (特に $g(x) \equiv 0$ のとき，これを**積分の正値性**という)

恒等的に $f(x) = g(x)$ でなければ，$\displaystyle\int_a^b f(x)dx > \int_a^b g(x)dx$

(5) $\displaystyle\left|\int_a^b f(x)dx\right| \leq \int_a^b |f(x)|dx$ ($a < b$)

---- 微分積分学の基本定理 ----

関数 $f(x)$ は $[a,b]$ で連続であるとする．

(1) $F(x) = \displaystyle\int_a^x f(t)dt$ ($a \leq x \leq b$) とすると，$F(x)$ は $[a,b]$ で微分可能で，$F'(x) = f(x)$ である．すなわち，連続関数は原始関数を持つ．

(2) $G(x)$ を $f(x)$ の任意の原始関数とすると，$\displaystyle\int_a^b f(x)dx = G(b) - G(a)$ である．この右辺を $\Big[G(x)\Big]_a^b$ と表す．

A.2 微分積分

―― 置換積分法 ――

$f(x)$ は $[a,b]$ で連続,$\varphi(t)$ は $[\alpha,\beta]$ (または $[\beta,\alpha]$) で微分可能で,$\varphi'(t)$ は連続であるとする.このとき,$a=\varphi(\alpha), b=\varphi(\beta)$ ならば,

$$\int_a^b f(x)dx = \int_\alpha^\beta f(\varphi(t))\varphi'(t)dt \qquad (x=\varphi(t))$$

ただし,$\varphi(t)$ の値域は $[a,b]$ に含まれるとする.

―― 部分積分法 ――

$f(x)$ は $[a,b]$ で連続で,$g(x)$ は $[a,b]$ で微分可能ならば,

$$\int_a^b f(x)g(x)dx = \left[\left(\int f(x)dx\right)g(x)\right]_a^b - \int_a^b \left(\int f(x)dx\right)g'(x)dx$$

―― テイラーの定理 ――

$f(x)$ がある区間において n 回微分可能ならば,この区間内の 2 点 $a,b(a \neq b)$ に対して

$$\begin{aligned} f(b) &= f(a) + \frac{f'(a)}{1!}(b-a) + \frac{f''(a)}{2!}(b-a)^2 \\ &\quad + \cdots + \frac{f^{(n-1)}(a)}{(n-1)!}(b-a)^{n-1} + \frac{f^{(n)}(c)}{n!}(b-a)^n \\ &= \sum_{r=0}^{n-1} \frac{f^{(r)}(a)}{r!}(b-a)^r + R_n \end{aligned} \qquad \text{(A.23)}$$

を満たす $c(a<c<b$ または $b<c<a)$ が存在する.ただし,$R_n = \dfrac{f^{(n)}(c)}{n!}(b-a)^n$ であり,R_n を (ラグランジュの) 剰余項という.

―― テイラーの定理の系 ――

$b=a+h$ とおけば,適当な $\theta(0<\theta<1)$ を用いて $c=a+\theta h$ と書けるので,(A.23) は

$$f(a+h) = \sum_{r=0}^{n-1} \frac{f^{(r)}(a)}{r!}h^r + \frac{f^{(n)}(a+\theta h)}{n!}h^n \qquad (0<\theta<1) \qquad \text{(A.24)}$$

とも書ける.

― マクローリンの定理 ―

$f(x)$ が 0 を含む区間 I で n 回微分可能ならば，任意の $x \in I$ に対して次式を満たす θ が存在する．

$$f(x) = f(0) + \frac{f'(0)}{1!}x + \frac{f''(0)}{2!}x^2 + \cdots + \frac{f^{(n-1)}(0)}{(n-1)!}x^{n-1} + R_n$$

ただし，$R_n = \dfrac{f^{(n)}(\theta x)}{n!}x^n (0 < \theta < 1)$ である．

― テイラー展開 ―

$f(x)$ は α を含むある区間 I で無限回微分可能とする．このとき，任意の点 $\alpha \in I$ におけるテイラーの定理

$$f(x) = \sum_{r=0}^{n-1} \frac{f^{(r)}(\alpha)}{r!}(x-\alpha)^r + R_n, \quad R_n(x) = f^{(n)}(\alpha + \theta(x-\alpha))\frac{(x-\alpha)^n}{n!}$$

において，$\lim_{n \to \infty} R_n = 0$ ならば

$$f(x) = \sum_{r=0}^{\infty} \frac{f^{(r)}(\alpha)}{r!}(x-\alpha)^r \tag{A.25}$$

が成り立つ．(A.25) を $f(x)$ の α におけるテイラー展開，右辺をテイラー級数という．また，(A.25) が成り立つとき $f(x)$ は $x = \alpha$ で解析的であるという．

― マクローリン展開 ―

(A.25) において $\alpha = 0$ とした式

$$f(x) = \sum_{r=0}^{\infty} \frac{f^{(r)}(0)}{r!}x^r \tag{A.26}$$

を $f(x)$ のマクローリン展開，右辺をマクローリン級数という．

― 微分方程式 ―

関数 $y = \varphi(x)$ は，$x, y, y', \cdots, y^{(n)}$ についての方程式

$$F(x, y, y', \cdots, y^{(n)}) = 0 \tag{A.27}$$

を満足しているとき (A.27) の解と呼ばれる．また，(A.27) を n 階の微分方程式といい，微分方程式の解を求めることを微分方程式を解くという．なお，y が陰関数表示されている場合も，つまり，$F(x, y) = 0$ と表されている場合も解という．

―― 一般解・特殊解・特異解 ――

n 階微分方程式の解であって，n 個の任意定数を含んでいるものをその微分方程式の**一般解**といい，任意定数に特定の値を与えることによって得られる解を**特殊解**という．また，一般解の任意定数にどのような値を代入しても得られない解があれば，そのような解を**特異解**という．

―― 変数分離形 ――

微分方程式

$$\frac{dy}{dx} = f(x)g(y) \tag{A.28}$$

を**変数分離形**という．$g(y) \neq 0$ ならば，

$$\frac{1}{g(y)}\frac{dy}{dx} = f(x) \tag{A.29}$$

であり，(A.28) の一般解は次式で与えられる．

$$\int \frac{1}{g(y)}dy = \int f(x)dx + C \qquad C \text{ は任意定数} \tag{A.30}$$

―― 1 階線形微分方程式 ――

$$y' + P(x)y = Q(x) \tag{A.31}$$

を **1 階線形微分方程式**といい，$Q(x) = 0$ のとき**同次**，$Q(x) \neq 0$ のとき**非同次**という．また，

$$y' + P(x)y = 0 \tag{A.32}$$

を (A.31) に**付随した同次方程式**という．

―― 1 階線形微分方程式の解 ――

(A.31) の一般解は，

$$y = e^{-\int P(x)dx}\left\{\int Q(x)e^{\int P(x)dx}dx + C\right\} \quad (C \text{ は任意定数}) \tag{A.33}$$

で与えられる．なお，一般に $e^x = \exp(x)$ と書くので (A.33) は

$$y = \exp\left(-\int P(x)dx\right)\left\{\int Q(x)\exp\left(\int P(x)dx\right)dx + C\right\} \tag{A.34}$$

と書くことができる．

---- ヤコビ行列 ----

$T(u,v) = (\varphi(u,v), \psi(u,v))(=(x,y))$ は $\mathbb{R}^2$ の領域 D から $\mathbb{R}^2$ への写像とする．φ, ψ が C^1 級のとき，写像 T は C^1 級であるという．また，関数行列

$$J = \begin{bmatrix} \dfrac{\partial \varphi}{\partial u} & \dfrac{\partial \varphi}{\partial v} \\ \dfrac{\partial \psi}{\partial u} & \dfrac{\partial \psi}{\partial v} \end{bmatrix} = \begin{bmatrix} \dfrac{\partial x}{\partial u} & \dfrac{\partial x}{\partial v} \\ \dfrac{\partial y}{\partial u} & \dfrac{\partial y}{\partial v} \end{bmatrix}$$

を関数 φ, ψ（または，x, y）の u, v に関する**ヤコビ行列**という．

参考文献

[1] 篠原能材：数値解析の基礎 (第 3 版), 日新出版, 1987 年.

[2] 杉浦 洋：数値計算の基礎と応用-数値解析学への入門-, サイエンス社, 1997 年.

[3] 洲之内治男 著，石渡恵美子 改訂：数値計算 [新訂版], サイエンス社, 2002 年.

[4] 洲之内治男, 寺田文行, 四条忠雄：FORTRAN による演習 数値計算, サイエンス社, 1979 年.

[5] 新濃清志, 船田哲男：だれでもわかる数値解析入門 − 理論と C プログラム −, 近代科学社, 1995 年.

[6] 森 正武：数値解析 (第 2 版), 共立出版, 2002 年.

[7] 山本哲朗：数値解析入門 [増訂版], サイエンス社, 2003 年.

[8] Higham N. J. : Accuracy and Stability of Numerical Algorithms, SIAM, 1996.

[9] Quarteroni A., Sacco R., and Saleri R. : Numerical Mathematics, Springer, 2000.

索　引

∞-ノルム　20
1階線形微分方程式　125, 203
1次従属　191
1次独立　191
1段階法　132
1-ノルム　20
2段階法　132
2-ノルム　20
10進有効桁数　2

C^n 級　197
C^∞ 級　197

IEEE754　10
(i,j) 成分　184
(i,j) 余因子　192
I で n 回微分可能　197
I で n 回連続微分可能　197

LU 分解　72

(m,n) 行列　184
$m \times n$ 行列　184
m 行 n 列の行列　184

NaN(Not a Number)　11
n 次基本行列　70
n 次行列　187
n 次正方行列　187
n 次単位行列　188
n 次直交行列　189
n 次のラグランジュ補間多項式　115
n 次ユニタリ行列　189

p 次収束　51
p 次の精度を持つ　132

r 次導関数　196
r 乗　187

SOR 法　94

あ　行

アンダーフロー　10
一般解　130, 203
上三角行列　72, 187
上に有界　183
上向きの丸め　11
打ち切り誤差　2
エルミート行列　188
オイラー法　131
オーバーフロー　10
折れ線近似　131

か　行

解　130, 202
階数　194
解析的　202
ガウス・ザイデル法　90
ガウス消去法　57
下界　183
拡大係数行列　193
下限　183
仮数　10
関数　183
完全系をなす　103
刻み幅　131
基本多項式　115
基本ベクトル　185
基本変形　194
逆行列　188
逆反復法　107
行　185
行基本変形　70, 193
共通集合　182
共通部分　182
行ベクトル　185
共役転置行列　188

索引

行列　184
行列式　189
行列ノルム　28
局所離散化誤差　131
切り捨て　11
偶数への丸め　11
クロネッカーのデルタ　188
桁落ち　7
ゲタばき表現　12
ケチ表現　10
元　181
原始関数　198
原点移動量　107
高位の無限小　195
交代行列　188
交代性　189
後退代入　58
誤差　1
誤差限界　2
コーシーの定理　130
固有値　99, 190
固有値問題　190
固有ベクトル　99, 190
固有方程式　190

さ 行

最近点への丸め　11
最小数　183
サイズが $m \times n$ の行列　184
最大数　183
最大値ノルム　20
三角行列　187
指数　10
次数 p の精度を持つ　132
下三角行列　72, 187
下に有界　183
下向きの丸め　11
実行列　185
実数体　182
写像　183
集合　181
収束する　27
従属ノルム　28
縮小写像　46
シュワルツの不等式　21
上界　183
小行列式　192

上限　183
条件数　29
常微分方程式の初期値問題　130
情報落ち　7
剰余項　111, 201
シンプソンの公式　142, 143
随伴行列　188
スケーリング　67
スペクトル半径　29
正規化　10
整数行列　185
正則行列　189
成分　184
正方行列　187
積　186
積分　200
積分可能　199
積分する　198
積分定数　198
積分の正値性　200
積分変数　198
絶対値誤差　1
零行列　187
線形収束　51
全称記号　182
前進差分　118
前進消去　58
相似変換　190
相対誤差　1
相対誤差限界　2
存在記号　182

た 行

体　182
対角化可能　190
対角化行列　190
対角型差分表　118
対角行列　187
対角成分　187
台形公式　142
対称行列　188
互いに両立している　28
多重線形性　189
単位行列　188
単純ガウス消去法　59
値域　183
チェビシェフ多項式　122

チェビシェフ分点　123
チェビシェフ補間　123
チェビシェフ補間多項式　123
置換行列　72
逐次反復法　45
直交行列　189
直交する　184
直交変換　43
定義域　183
定積分　200
テイラー級数　202
テイラー展開　202
テイラー展開法　112
テイラーの定理　111, 201
転置行列　188
導関数　196
同次　203
同値　20
特異解　203
特殊解　203
特性方程式　190
トレース　187

な 行

内積　20, 184
内挿する　114
ナチュラルノルム　28
ニュートン・コーツ公式　141
ニュートンの前進差分公式　118
ニュートン反復列　50
ニュートン法　50
ニュートン補間法　118
ノルム　19
ノルムの公理　19

は 行

バイアス表現　12
掃き出し法　193
反復関数　46
反復行列　85
反復法　45
微係数　195
被積分関数　198
非同次　203
等しい　182
微分　195
微分可能　195, 196

微分係数　195
微分する　196
微分積分学の基本定理　200
微分方程式　202
微分方程式を解く　202
ピボット　63
標準基底　185
複合公式　142
複合シンプソンの公式　143
複合台形公式　142
複素行列　185
複素数体　182
符号　10
付随した同次方程式　203
不定形　197
不定積分　198
浮動小数点数　10
不動点　46
不動点反復　46
部分集合　182
部分ピボット選択　63
フロベニウスノルム　29
平均値の定理　197
べき乗　187
べき乗法　102
ベクトルノルム　19
変数分離形　125, 203
ホイン法　132
補間する　114
補間多項式　114

ま 行

マクローリン級数　202
マクローリン展開　202
マクローリンの定理　202
マシンイプシロン　12
丸め　1
丸め誤差　1
丸めの単位　12
無限回微分可能　197
無限小　195
無限大 (Infinity)　11

や 行

ヤコビ行列　204
ヤコビ法　87
有効桁数　2

有効数字　2
有理数体　182
余因子行列　192
要素　181

ら　行

ラグランジュ補間　115
ランク　194
ランダウの記号　195
リプシッツ条件　46
リプシッツ定数　46
リーマン積分可能　199
リーマン和　199

累乗法　102
ルンゲ・クッタ法　133
レイリー商　102
列　184
列基本変形　194
劣乗法的である　28
列ベクトル　184
ロピタルの定理　197
ロルの定理　197

わ　行

和集合　182

著者略歴

皆本　晃弥（みなもと　てるや）
1992 年　愛媛大学教育学部中学校課程数学専攻卒業
1994 年　愛媛大学大学院理学研究科数学専攻修了
1997 年　九州大学大学院数理学研究科数理学専攻単位取得退学
2000 年　博士（数理学）（九州大学）
　　　　　九州大学大学院システム情報科学研究科情報理学専攻助手，
　　　　　佐賀大学理工学部知能情報システム学科講師を経て，
現　在　佐賀大学理工学部知能情報システム学科助教授

主要著書

Linux/FreeBSD/Solaris で学ぶ UNIX（サイエンス社，1999 年）
理工系ユーザのための Windows リテラシ（共著，サイエンス社，1999 年）
GIMP/GNUPLOT/Tgif で学ぶグラフィック処理（共著，サイエンス社，1999 年）
UNIX ユーザのためのトラブル解決 Q&A（サイエンス社，2000 年）
シェル&Perl 入門（共著，サイエンス社，2001 年）
やさしく学べる pLaTeX2e 入門（サイエンス社，2003 年）
やさしく学べる C 言語入門（サイエンス社，2004 年）

よくわかる数値解析演習
　　　——誤答例・評価基準つき——

© 2005　皆本晃弥

2005 年 2 月 20 日　　初　版　発　行

著　者　皆　本　晃　弥
発行者　塚　本　慶　一　郎
発行所　株式会社 近代科学社

〒 162-0843　東京都新宿区市谷田町 2-7-15
電話 03(3260)6161　振替 00160-5-7625
http://www.kindaikagaku.co.jp

加藤文明社

ISBN 4-7649-0311-3
定価はカバーに表示してあります．